Joseph Conan

Lettres d'un capitaine terre-neuvas

Collection « Mémoire commune »

Dirigée par Isabelle BROUARD-ARENDS, Catherine LAURENT, Gilbert NICOLAS et Sarah TOULOUSE

• Florence BOURILLON (textes présentés et édités par), *Changer les noms des rues de Paris. La Commission Merruau, 1862*, 2012, 348 p.

• Nathalie MONTEL (textes présentés et édités par), *Faire le Grand Paris. Avis des habitants consultés en 1859*, 2012, 446 p.

• Gilbert NICOLAS, *Quand les instituteurs répondaient au ministre. Mémoires des maîtres de l'enseignement primaire sous le Second Empire*, 2012, 442 p.

• COMTE DE CORBIÈRE, *Souvenirs de la Restauration* (texte présenté et annoté par Bernard Heudré), 2012, 256 p.

• Samuel GICQUEL (texte présenté et annoté par),
Mémoires du chanoine Le Sage. Le diocèse de Saint-Brieuc de la fin de l'Ancien Régime à la monarchie de Juillet, 2012, 428 p.

• David STEEL (édition, présentation et notes),
Lettres d'Émile Souvestre à Édouard Turquéty, 1826-1852, 2012, 184 p.

• Madame DUNOYER,
Lettres historiques et galantes de deux dames de condition dont l'une était à Paris et l'autre en Province, texte présenté et annoté par Nancy O'Connor, 2012, 432 p.

• Jacques CHARPY,
Un ingénieur de la Marine au temps des Lumières. Les carnets de Pierre Toufaire (1777-1794), 2011, 630 p.

• François-Yves BESNARD (texte préparé et annoté par Martine Taroni),
Un prêtre en révolution. Souvenirs d'un nonagénaire, 2011, 402 p.

• Johann Gottfried SEUME (texte traduit et présenté par Marcel Mouseler),
Voyage à Syracuse, 2011, 372 p.

• Françoise GATEL et Michel DOUMENC (transcription),
Paul Cocho. Mes carnets de guerre et de prisonnier, 1914-1919, 2010, 228 p.

• Bernard HEUDRÉ (texte édité par) avec la collaboration d'André DUFIEF,
Souvenirs et observations de l'abbé François Duine, 2009, 352 p.

• Félix DE AZARA,
Voyages dans l'Amérique méridionale, 1781-1801, 2009, 364 p.

• Patrick HARISMENDY (dir.),
Rennes sous la IIIe République. Cahiers d'Edmond Vadot, secrétaire général de la ville de 1885 à 1909, 2008, 546 p.

• Marie-Paule de WEERDT-PILORGE (édition présentée et annotée par),
Mémoires de Justine Guillery, 1789-1846, 2008, 224 p.

• Jean-Baptiste-Henri-Michel LEPRINCE D'ARDENAY (édition préparée et présentée par Benoît Hubert),
Mémoires d'un notable manceau au siècle des Lumières, 2008, 296 p.

• Ronald ROMPKEY,
En mission à Terre-Neuve. Les dépêches de Charles Riballier des Isles (1885-1903), 2007, 266 p.

Édition préparée et présentée par
Martine Cocaud et Jean-Michel Auffray

Joseph Conan
Lettres d'un capitaine terre-neuvas

Mémoire Commune

PRESSES UNIVERSITAIRES DE RENNES

Remerciements

Nous remercions Jacques Guéguen pour l'aide qu'il nous a apportée lors de la transcription des manuscrits et Patrick Harismendy, professeur d'histoire contemporaine à l'université de Rennes 2, pour sa lecture et ses conseils.

Campus de la Harpe - 2, rue du doyen Denis-Leroy
35044 Rennes Cedex
www.pur-editions.fr

Mise en page : Laurence CADET pour le compte des PUR

Dépôt légal : 2e trimestre 2013
ISBN 978-2-7535-2670-9
ISSN 1623-8982

Avant propos

Entre le 27 avril 1853 et le 26 mai 1862, un capitaine à la grande pêche de la baie de Saint-Brieuc recopie dans un carnet les lettres qu'il envoie à ses partenaires professionnels dont le protagoniste principal est un armateur. La rareté de ce genre de document lui confère d'emblée, un intérêt non négligeable. Il faut toutefois, avant de l'analyser, intégrer deux caractéristiques qui en limitent sans doute la portée.

Ainsi, l'aventure commune des deux correspondants principaux n'a pas valeur d'exemple. Elle vaut essentiellement par sa singularité. En effet, ni l'armateur Mathieu Rubin de Rays ni le capitaine, Joseph Conan n'apparaissent comme des paradigmes des armateurs ou des capitaines terre-neuviers à cette période de l'histoire. L'un et l'autre n'ont finalement joué qu'assez peu de temps les rôles dans lesquels on les trouve tout au long de leur correspondance. On peut aussi raisonnablement se poser des questions sur leurs réussites professionnelles respectives.

Rubin de Rays n'a été armateur que tardivement : durant seulement quinze ans en ce qui concerne la grande pêche. Son itinéraire lui est particulier. Il n'appartient pas à ces grandes dynasties d'armateurs que l'on retrouve durant tout le dix-neuvième siècle armant des navires pour Terre-Neuve ou l'Islande au quartier de Saint-Brieuc. Son père, hobereau terrien du pays de Dinan n'avait rien à voir avec la profession. C'est son mariage avec une petite aristocrate de Pléneuf qui l'entraîne dans cette aventure et son entreprise disparaît dès qu'il cesse ses activités.

Joseph Conan, quant à lui, a certes été marin depuis l'âge de dix-sept ans mais il a abandonné son métier à l'âge de trente-six ans, comme s'il ne l'avait exercé auparavant que contraint et forcé. Le très bref épisode à Islande, qui se traduit cinq ans plus tard par un échec au moins personnel, corrobore cette impression. Il abandonne alors tout commandement pour se retirer chez lui et vivre de ses rentes.

Cette correspondance de quatre ans se situe donc à la jonction de deux carrières atypiques. C'est un témoignage intéressant et plutôt original si on se réfère aux activités de la plupart des autres capitaines et armateurs à la grande pêche durant cette période.

L'autre caractéristique qui limite la portée de ce document, c'est qu'il n'est écrit que par un seul des correspondants. Il est évidemment fort regrettable que nous ne disposions, malgré nos recherches, que des lettres du capitaine Joseph Conan. Il nous faut deviner, autant que faire se peut, les propos de ses interlocuteurs. Cet exercice d'induction est périlleux et il a des limites évidentes que nous nous sommes efforcés de ne pas outrepasser.

Bien entendu, si tout au long de ces pages, les protagonistes ne sont pas les images fidèles de leurs collègues, leurs décisions n'en sont pas moins dépendantes de conjonctures semblables. Leur histoire commune n'est évidemment pas aléatoire et elle s'explique en partie par les contingences et les conjonctures politiques, sociales et économiques locales nationales et internationales. Simplement, ils y répondent à leur manière en louvoyant entre les événements et les contraintes inhérentes à leurs professions.

Cette correspondance est donc l'occasion d'analyser les personnalités et les trajectoires de ces hommes, comme leurs implications professionnelles. Mais on y suit aussi les modalités pratiques relatives à la vente de la morue, les recherches de frets de retour et les problèmes commerciaux du cabotage. Nous suivrons donc le quotidien d'un capitaine à la grande pêche dans ce qu'il a de plus ordinaire.

Cependant, une grande partie de la correspondance de Joseph Conan se situe dans un contexte très particulier pour les marines de pêche et de commerce en France. En effet, durant quelques années, la guerre de Crimée accentue les pressions et les contraintes qui s'exercent sur les armements. La grande pêche en est particulièrement affectée et les vicissitudes du capitaine Conan en seront en grande partie le reflet comme les conséquences. En d'autres termes la correspondance entre Joseph Conan et de l'armateur Rubin de Rays témoigne des réponses pratiques qu'ils tentent de fournir en ces circonstances particulières.

À rebours, et en dehors de la guerre de Crimée – qui pose de nombreux problèmes à l'armateur et au capitaine – les lettres de Joseph Conan s'inscrivent peu dans le contexte politique, économique et social du Second Empire. Le monde extérieur aux ports et aux navires transparaît peu. Si n'étaient rapidement évoqués le télégraphe électrique ou la présence de « vapeurs », on pourrait très bien penser que la plupart des lettres de Joseph Conan ont été écrites au début du XIXe siècle.

Pourtant, les années cinquante et soixante voient des mutations économiques et techniques importantes. Sur mer et dans les ports, les changements sont considérables. Les navires à vapeur, de plus en plus grands et nombreux, transforment radicalement la manière de concevoir la navigation commerciale. L'hélice remplace la roue à aubes, les puissances des machines augmentent, on se met à fabriquer des coques en fer. Les navires à vapeur, au début très limités dans leur autonomie du fait de leur énorme consommation de charbon, s'aventurent dans des mers de plus en plus lointaines. À la barre d'un brick de conception très proche de ceux qu'on fabriquait cinquante ans auparavant, Joseph Conan semble, dans sa correspondance, ne manifester qu'un intérêt très limité pour les bouleversements qui sont en train de transformer la marine.

Bien qu'il y participe un peu, Joseph Conan s'intéresse à peine aux changements qui affectent les grands circuits maritimes commerciaux sous le Second Empire. Il n'a sans doute pas le recul suffisant pour cela. Pourtant, lorsqu'il écrit, le grand commerce au long cours – qui était longtemps resté accaparé par les îles de la mer des Caraïbes –, se diversifie vers les Amériques, l'Océan Indien voire le Pacifique même si les cargaisons de retour demeurent essentiellement constituées de produits exotiques assez onéreux : sucre, café, coton et autres. À l'aller, il y a, bien sûr, les produits manufacturés de l'industrie européenne à haute valeur ajoutée mais des pondéreux font leur apparition. C'est le cas en particulier du charbon dont ont besoin les ports et les industries naissantes. C'est ainsi que Joseph Conan livre une cargaison de charbon du Pays de Galles au Brésil. De même, les transports de minerais à destination des centres de transformation s'accroissent considérablement tandis que le petit cabotage traditionnel voit son rôle décliner à cause de la concurrence du chemin de fer.

À ce titre, les lettres de Joseph Conan valent par leur témoignage relatif à des activités particulières à une époque donnée. Mais elles ont été envoyées pour des raisons très pratiques. Leur but initial n'était pas de témoigner des grandes mutations techniques et économiques en cours. Elles les ignorent.

Ces lettres ayant été écrites il y a environ cent cinquante ans, la question pouvait se poser de savoir si leur forme pouvait présenter un quelconque intérêt historique. De prime abord, les lettres de Joseph Conan semblent écrites d'une main ferme et sûre. La graphie, assez régulière, est vigoureuse. Les textes paraissent écrits par une personne accoutumée au maniement de la plume. Pourtant, la lecture et la compréhension de ces lettres sont difficiles. Tout d'abord, l'orthographe, très approximative, est source de gênes constantes ; surtout quand il s'agit de déchiffrer un vocabulaire parfois très technique. Mais les problèmes principaux sont l'absence de ponctuation et des constructions de phrases parfois très fantaisistes ou même inexistantes qui rendent certains passages obscurs voire incompréhensibles de prime abord. Une lecture cursive laisse parfois le choix entre diverses interprétations selon les découpages possibles.

Nous n'avons pas vu l'avantage qu'il y aurait à obliger le lecteur à refaire le travail de reconstitution que nous avons effectué. Il nous est donc apparu que l'intérêt de ce document résidait davantage dans ce qu'il relate que dans sa forme. Le livrer brut n'aurait apporté que des informations sur les compétences épistolaires de Joseph Conan au détriment de tout le reste.

Pour faciliter la lecture, nous avons donc rectifié l'orthographe et rétabli la ponctuation. Dans de très rares cas, lorsque des termes demeuraient malgré tout illisibles, nous en proposons une interprétation en tenant compte évidemment du contexte de façon à maintenir cohérence et intelligibilité à l'ensemble.

Présentation

– Les protagonistes du carnet

Treize personnes sont citées dans le carnet – qui ont toutes rédigé ou reçu des courriers –, mais deux personnes – Joseph Conan, capitaine et Mathieu Rubin de Rays, armateur sont au centre de la correspondance.

– Joseph Conan, capitaine

Joseph Charles Jean Conan naît à Saint-Brieuc [1] le 5 mai 1821 d'un père notaire, et d'une mère, fille d'un orfèvre briochin, Romain Joseph Desury [2], signataire de l'acte de naissance. L'autre témoin, Charles Conan, son oncle paternel, est marchand.

De l'enfance de Joseph Conan, nous ne connaissons rien. Si l'on en juge d'après son milieu d'origine, on peut raisonnablement supposer qu'il a été scolarisé. Mais jusqu'à quel âge? Jusqu'à quel niveau? Nous ne disposons que de deux indications susceptibles de nous éclairer un peu à ce sujet. D'abord, l'engagement dans la carrière maritime de Joseph Conan est plutôt tardif. Alors que beaucoup de jeunes adolescents embarquaient alors dès l'âge de treize ans comme mousses, lui n'embarque qu'à dix-sept ans comme novice. Un oncle de Joseph Conan, Pierre-Romain Desury, capitaine de terre-neuvier, qui part régulièrement du port du Légué tout proche a peut-

1. La biographie non professionnelle de Joseph Conan a été reconstituée essentiellement à partir des données de l'état civil et des recensements pour la commune de Saint-Brieuc entre 1821 et 1897. Archives départementales des Côtes-d'Armor (Saint-Brieuc) [en ligne].

2. En 1819, Romain Desury, orfèvre, et Marie-Joseph Conan, notaire, figurent sur la liste du jury parmi les 324 personnes de l'arrondissement de Saint-Brieuc qui payent suffisamment d'impôts pour cela. Archives départementales des Côtes-d'Armor, 3 M 16.

être joué un rôle dans la décision prise. Faut-il voir dans ce départ tardif le signe d'une hésitation familiale sur la carrière à envisager ? Ou bien Joseph Conan aurait-il commencé d'entreprendre des études au-delà de l'enseignement élémentaire ?

L'autre indication dont nous disposons ne va pas dans ce sens. En effet, lorsque, en 1842, le commandant de son navire fait un rapport sur son jeune matelot il note : « bon jeune homme, bon marin, a le désir de bien faire mais a une éducation médiocre ». Et en effet, la lecture de la dictée effectuée à l'occasion de son engagement montre une syntaxe douteuse et une orthographe catastrophique peu compatibles avec une scolarité prolongée[3]. Il n'est donc pas présomptueux de supposer que Joseph Conan a eu de sérieuses difficultés avec l'école : on peut imaginer un enfant rebelle à l'enseignement ou un élève en difficulté qui ne cherche qu'à fuir les études.

Son premier départ en mer a lieu en avril 1838 quand le trois mâts *Alcide* quitte Le Légué pour la côte de Terre-Neuve. Il est commandé par le capitaine Pierre-Romain Desury. Sur le rôle, Joseph Conan qui va avoir dix-sept ans est mentionné comme novice[4]. Cette campagne inaugurale lui fait découvrir tous les aspects de la grande pêche puisque après la saison de pêche, il repart sur l'*Alcide* qui va vendre sa cargaison en Italie. Il rentre au pays en avril 1839 et repart immédiatement, toujours sur l'*Alcide*, pour une nouvelle campagne en tant qu'habilleur[5]. Le 16 août il est transféré sur le *Diligent*, brick de 131 tonneaux, où il exerce la fonction de lieutenant. Il est bien jeune pour les responsabilités que cela incombe. A-t-il été à la hauteur de la tâche qui lui a été confiée ? Avec les réserves inhérentes à l'usage de ce

3. Archives centrales de la marine, dossiers des officiers, Vincennes, CC 7 n° 525/192.

4. Les informations qui concernent la carrière maritime de Joseph Conan proviennent essentiellement des registres matricules, des rôles de désarmement des navires sur lesquels il a navigué et des dossiers des capitaines.
– matricules : Service historique de la marine de Brest, 4 P 3 : 64, 71, 84, 140 ;
– dossier des capitaines : Archives centrales de la marine de Vincennes, CC 4 1834 ;
– rôles de désarmement : Service historique de la marine de Brest, 4 P 7 : 115, 117, 119, 140, 142 ; 165, 168, 171, 174, 180, 182, 183, 185, 187, 188 ;
– rôles de désarmement : Service historique de la marine de Toulon, 13 P 9 : 118 et 19 P 9 : 35 ;
– rôle de désarmement : Archives départementales d'Ille-et-Vilaine (Rennes), 4 S 296 ;
– rôle de désarmement : Archives départementales de Seine-Maritime (Rouen), 6 P 6 : 206.

5. Habilleur : il enlève l'arête de la morue qui a été ouverte et décapitée par le décolleur.

genre de document, un rapport du capitaine Rochard[6] fait à l'issue de la campagne va dans ce sens. En effet, il note l'avoir « toujours distingué tant pour ses capacités que pour sa bonne conduite » et n'avoir « jamais cessé de l'apprécier ». Après un retour par la Méditerranée, Joseph Conan rentre au port du Légué le 23 février 1840.

À 18 ans, il devient matelot et s'engage pour 5 ans, comme volontaire dans la marine de guerre. De cette période de la vie de Joseph Conan, nous ne connaissons que des noms de navires et quelques rapports très succincts de ses supérieurs. Aussi bien sur les bricks *Bisson* et *Griffon* que sur la frégate *La Danaée*, on semble satisfait de sa conduite quoique les termes employés soient d'une grande sobriété. Par ailleurs, il n'est pas fait mention de promotion en grade bien qu'il soit noté dans un rapport du 6 décembre 1842 signé du commandant du *Bisson* que Joseph Conan « a commandé pendant quelque temps un quart comme officier[7] ».

Au début de 1845, alors que son contrat va bientôt s'achever, le hasard des circonstances va orienter le destin de Joseph Conan.

Alors que le brick marchand *Félix et Jules* de Marseille est à Port-au-Prince, son capitaine, Ferdinand Gibert et son second, Pierre Michel meurent à deux semaines d'intervalle à la fin de l'année 1844. Il n'y a personne à bord en mesure de commander une traversée au long cours pour ramener le navire en Méditerranée. Plusieurs navires de la Royale sont en rade dont le brick *Griffon* sur lequel se trouve Joseph Conan. Le Consul Général de France à Port-au-Prince intervient auprès du capitaine de vaisseau commandant la subdivision navale d'Haïti, commandant de la frégate *Thétis*, afin qu'on trouve quelqu'un capable de reconduire en France le *Félix et Jules*. Joseph Conan est interrogé sur « les principales circonstances relatives à la manœuvre et au pilotage, les relèvements, la manière de débouquer, les variations, pointer la carte, enfin tout ce qui est nécessaire à la conduite du bâtiment ». À l'issue de cet examen, le 13 janvier 1845, à bord de la frégate, les membres de la commission, « après en avoir délibéré, déclarent, à l'unanimité que Monsieur Conan est capable de conduire le *Félix et Jules* à destination ». Le lendemain, Joseph Conan est détaché du *Griffon* pour se mettre aux ordres du Consul Général. Dans les jours qui suivent, il prend contact avec son équipage et appareille pour la Méditerranée. Le *Félix et Jules* arrive à Marseille le 26 mars 1845. Il a mené à bien sa mission. Un

6. Archives centrales de la marine de Vincennes, dossiers des officiers, CC n° 525/192.

7. Archives centrales de la marine de Vincennes, dossiers des officiers, CC n° 525/192.

court rapport du Commissaire à l'Inscription maritime du 8 avril 1845 en fait foi. Joseph Conan se présente alors devant Commissaire général de la marine pour se mettre à sa disposition jusqu'en mai date à laquelle, son contrat rempli, il quitte la marine d'État.

Apte à commander un navire, il lui faut un diplôme : aussi s'inscrit-il sur les listes ouvertes au port de Saint-Servan pour l'examen relatif au grade de capitaine au long cours pour l'année 1847. Il est reçu à l'examen à Saint-Malo le 15 mars 1847 et il choisit de partir à nouveau du port du Légué pour une campagne de grande pêche à Terre-Neuve sur un voilier de l'armateur Villeféron. Il embarque comme second sur un brick de 177 tonneaux, le *Marie.* La saison suivante, probablement satisfait des services de son capitaine, Villeféron lui confie le commandement du *Marie.* Joseph Conan s'engage dans un nouveau type d'expédition. En effet, contrairement aux autres armateurs de Saint-Brieuc qui continuent à expédier leurs morutiers pour la pêche sédentaire dans les havres de la côte de Terre-Neuve, la famille Villeféron va, durant quelques années, envoyer deux ou trois navires pêcher sur les grands bancs de Terre-Neuve et vendre la morue verte[8] à Bordeaux.

Après avoir commandé *l'Utile*, autre navire de Villeféron, Conan quitte l'armateur en 1853 sans que nous en connaissions la raison. Joseph Conan va alors naviguer sur un navire qui part du port de Pléneuf : Dahouët. Là-bas, un notaire, Jean-Pierre Le Péchon, et un négociant, Matthieu Rubin de Rays se lancent dans l'armement pour la grande pêche à Terre-Neuve. De Ray vient d'acquérir un brick de 217 tonneaux construit en 1846 à Saint-Malo : le *Saint-Brieuc.* Joseph Conan le commandera pendant plus de quatre ans d'avril 1853 à novembre 1857.

La correspondance qui a été retrouvée renvoie à cette période de sa vie professionnelle. Durant ces années, Joseph Conan effectue deux campagnes de pêche à Terre-Neuve : il va vendre ses cargaisons à Marseille et à Gênes comme autrefois. Cependant, des difficultés dues entre autres à la guerre de Crimée, vont l'inciter, lui et son armateur, à tenter des expériences au grand commerce international. Son diplôme de capitaine au long cours l'y autorise. Il va d'abord en Égypte puis deux grands voyages le mènent vers les côtes de l'Amérique du sud. Sa correspondance témoigne des aléas et des hésitations du capitaine et de l'armateur durant une période difficile. Après cette expérience, Joseph Conan pourrait persister et terminer sa carrière dans le grand commerce trans-océanique. Il n'a, en effet, que trente-six ans et pourrait envisager de poursuivre encore longtemps sa carrière dans la marine marchande.

8. Morue verte : morue salée mais non séchée sur les graves de Terre-Neuve.

Mais cela n'est pas le cas. Le 3 novembre 1857, venant de Montevideo, le *Saint-Brieuc* arrive au Havre pour livrer sa marchandise. Quand, le 19 novembre, il est expédié sur lest vers Dahouët, Joseph Conan n'est plus à bord. Son second, Alexis Barbedienne, a pris le commandement tandis que le lieutenant, Joseph Guinard est passé second. Le rôle de désarmement ne mentionne rien de particulier. Cette étrange fin de voyage pourrait ne pas avoir de signification particulière mais une rupture brutale avec son armateur est tout à fait envisageable. Plus surprenant : les années suivantes, Joseph Conan ne prend aucun commandement ni dans les quartiers de Bretagne ni ailleurs. Que fait Joseph Conan entre 1857 et 1862 ? Ni les registres matricules ni la correspondance ne mentionnent d'activités maritimes et il semblerait bien que le capitaine se soit lancé dans une toute autre activité à moins que l'héritage de ses parents n'ait suffi à assurer son existence. Au demeurant, il réside toujours dans l'habitation familiale de la rue Quinquaine à Saint-Brieuc en compagnie de son frère Romain et de ses deux sœurs Hermine et Marie-Anne. Il se présente encore au recenseur comme capitaine au long cours.

La correspondance maritime de Joseph Conan reprend en janvier 1862. Cette année-là, il souhaite revenir à la grande pêche mais dans des conditions tout à fait différentes. D'abord, il n'est plus question de Terre-Neuve. Depuis 1852, Paimpol s'est lancée dans la pêche à Islande. C'est le succès. Joseph Conan conçoit le projet de participer à l'exploitation de ce nouveau filon. Après avoir pris contact avec un armateur de Paimpol, Aubert Lefeuvre, Joseph Conan emprunte de l'argent à son beau-frère Jean Le Guillouzer (*lettre du 4 février 1862*), puis se rend au port d'Ars-en-Ré. C'est là-bas qu'il trouve l'occasion convenable pour les deux associés : une goélette de 72 tonneaux construite en 1857 qui a jusqu'alors servi au cabotage (*lettre du 31 janvier 1862*). L'affaire est conclue et en mars 1862, après quelques travaux, le navire est convoyé jusqu'à Paimpol. Le 2 avril, la *Auguste et Marie* cingle vers les côtes d'Islande.

Au large de l'Islande, Joseph Conan envoie une dernière lettre à son associé par l'intermédiaire d'un chasseur[9] puis sa correspondance s'arrête brutalement. Les deux saisons de pêche terminées, le navire rentre à Paimpol le 1er octobre. Aussitôt après, il est armé pour le cabotage. Joseph Conan est sur le rôle d'armement en tant que capitaine mais est débarqué et payé presque immédiatement : le 8 octobre. Un autre capitaine prend le commandement.

9. Chasseur : c'est un navire dont le rôle est d'aller chercher les morues pêchées durant la première période de pêche (à Islande). Il transporte aussi du sel, divers matériaux et du courrier.

Il est probable que cette nouvelle expérience de Joseph Conan s'est soldée, elle aussi, par un échec. Pour des raisons qu'il ne précise pas dans une lettre qu'il lui envoie, son armateur [10] lui fait savoir qu'il est très mécontent de lui. En tout cas, la tentative à Islande se termine, elle aussi, brutalement. Le capitaine est congédié et remplacé au commandement de la goélette *Auguste et Marie*. Il ne réembarquera plus. Le matricule des capitaines indique qu'il cesse toutes fonctions le 20 février 1865.

À l'Inscription Maritime, il n'est, dès lors, plus question de Joseph Conan. Il ne réapparaît en tant que professionnel qu'en 1873. Le brick *Alfred* ayant subi des avaries importantes dans le port du Légué, le capitaine est cité comme expert par le Tribunal de Commerce de Saint-Brieuc. Ensuite, il n'est plus question de lui. L'ex capitaine ne mentionne plus sa profession au recenseur.

Joseph Conan s'installe pour une longue retraite dans sa maison de Saint-Brieuc. Il faut attendre le recensement de 1881 pour qu'enfin il mentionne à nouveau son grade de capitaine au long cours. En 1897, il est admis à l'hospice de Lehon où il meurt le 9 juillet.

Mathieu Rubin de Rays, armateur

Mathieu Rubin de Rays naît en septembre 1793 à Dinan [11]. Ses parents, Augustin Rubin de Rays et Hélène de Gennes sont de petits nobles résidant à Dinan jusqu'au décès du père de famille en 1815. L'acte de décès d'Augustin le mentionne comme propriétaire mais nous ne connaissons pas l'ampleur de ses possessions. Une indication nous induit à penser qu'elles n'étaient pas très importantes. En effet, si cinq ans plus tard, en 1820, son fils aîné Augustin figure sur la liste du jury, il n'apparaît que sur la liste supplémentaire pour des terres possédées dans les Côtes-du-Nord et en Ille-et-Vilaine. En outre, ni lui ni ses frères et sœurs ne figurent sur les listes des années suivantes.

Un acte d'état civil daté de 1827 est l'occasion de constater l'attachement des Rubin de Rays à leur titre et à la monarchie. Mathieu est alors officier à la Garde Royale. Lui et sa jeune sœur Marie-Joseph, appuyés par leurs frères

10. Cette lettre ne fait pas partir intégrante du carnet car elle n'a pas été recopiée. Il s'agit de l'original du courrier rédigé par l'armateur Aubert-Lefeuvre en mai 1862 qui a été glissé entre deux pages du document.

11. La biographie de Mathieu Rubin de Rays a été reconstituée essentiellement à partir des données de l'état civil et des recensements pour les communes de Dinan, Evran et Pléneuf entre 1793 et 1880. Archives départementales des Côtes-d'Armor (Saint-Brieuc), [en ligne].

et sœurs réclament et obtiennent la rectification de leurs actes de naissance : ils se nommeront dorénavant Rubin *de Rays* comme leurs parents et frères et sœurs aînés.

En 1837, Mathieu Rubin de Rays se marie avec Henriette Lenormand de Lourmel. Cette dernière appartient à une grande famille dont plusieurs représentants résident aux environs de Pléneuf et sont aisés. Ainsi, un des témoins, l'oncle François est-il un riche propriétaire[12] terrien résidant à Planguenoual, une commune limitrophe de Pléneuf. Le couple s'installe à Evran au domaine de La Métrie, en compagnie des frères et sœurs de Mathieu. C'est là que naîtront leurs deux premières filles. Malgré sa résidence terrienne, et peut-être influencé par sa belle famille, Mathieu Rubin de Rays montre, dès 1837, son intérêt pour les activités maritimes en acquérant une grosse chaloupe pour la pêche côtière. C'est à ce moment aussi qu'il abandonne définitivement la carrière militaire.

Nouvelle étape en 1839 : il achète une goélette de 42 tonneaux destinée au cabotage. Il conservera du reste la *Jeune Marie* – qui porte le nom de son aînée –, jusqu'à la fin de sa carrière d'armateur. Pour être au plus près de ses activités, il va alors s'installer avec sa famille à Pléneuf où on les retrouve au recensement de 1841.

En août 1846, Rubin de Rays devient conseiller municipal et jure, à cette occasion, fidélité au Roi de Français. En avril 1847, il entame une nouvelle carrière. Il devient armateur à la grande pêche en envoyant deux grands navires à Terre-Neuve : les bricks *Saint-Brieuc* et *Marie-Victoire.* La même année, le notaire Jean-Pierre Le Péchon, de Pléneuf lui aussi, arme également deux unités pour la grande pêche, la *Reine des anges* et la *Philoména.* Pour les deux armateurs néophytes c'est une période favorable. L'un et l'autre sont d'ailleurs des notables établis qui seront régulièrement conseillers municipaux. Ils sont très conscients de leur importance économique et ce n'est pas un hasard si en 1851, une séance du conseil municipal déclare, sous leur impulsion, l'armement local comme « source de bien-être pour la commune ».

Les deux armateurs sont donc collègues au sein du conseil municipal. On ne connaît rien de l'état de leurs relations à l'arrivée de Rubin de Rays. Ce qui est certain, c'est que, par la suite, il y a eu compétition entre les deux armateurs qui se livrent pendant plusieurs années à une course-poursuite[13]

12. Archives départementales des Côtes-d'Armor, liste du jury, deuxième arrondissement, pour les années 1843, 1844, 1845 ; 3 M 20.

13. Les flottes des deux armateurs durant cette période ont été établies grâce aux registres d'armement et de désarmement du quartier de Saint-Brieuc. Jean-Pierre concernant le nombre de leurs navires et leur tonnage. Par la suite, une rivalité et même une mésentente de plus en plus véhémentes vont s'installer. Des causes économiques politiques ou personnelles, il est difficile de faire la part. Toujours est-il qu'une franche hostilité s'installe qui culmine lorsque Rubin de Rays devient maire.

Mathieu Rubin de Rays est, de fait, un notable de Pléneuf. Nous ne disposons pas d'indications sur ses positions face aux événements de 1848 et au rétablissement de l'Empire. On imagine mal Rubin de Rays en bonapartiste. Toutefois, il semble s'adapter très bien aux nouvelles circonstances. À tel point qu'il se trouve, en août 1854, sous le Second Empire, nommé maire de sa commune par le préfet. Cette nomination provoque de graves remous au sein d'un conseil où les affrontements entre conservateurs et progressistes sont alors très virulents. Ainsi, Jean-Pierre Le Péchon, conseiller lui aussi, écrit aussitôt au préfet pour protester contre cette promotion. Ses idées de progrès, écrit-il, ne coïncideront jamais avec celles de Monsieur de Rays[14]. C'est, semble-t-il, un baroud d'honneur. En tout cas, il n'est pas entendu et démissionne. C'est donc avec un personnage localement très important, armateur et maire, que Joseph Conan, capitaine du *Saint-Brieuc* entreprend sa correspondance.

En 1857, l'année où Joseph Conan cesse toute collaboration avec Mathieu de Rays, celui-ci, pour des raisons de politique locale est mis en minorité par son conseil[15] de Pléneuf. Il se voit dans l'obligation de démissionner de son poste de maire. Le préfet est alors contraint de le remplacer par Jacques Barbedienne. C'est la fin de l'aventure politique de Mathieu Rubin de Rays.

Son aventure maritime ne va pas tarder à cesser elle aussi. Pendant quelques années, Mathieu Rubin de Rays reste cependant à Pléneuf pour s'occuper de son armement. Au début des années soixante, après les décès de son épouse et de ses deux sœurs, il cède ses navires puis se retire définitivement en ses terres d'Evran en compagnie de sa fille cadette. Il décède à La Métrie le 22 février 1880.

Le Péchon conservera une petite longueur d'avance. Signe de sa réussite, il s'offrira en 1860 un petit navire de plaisance.

14. Archives départementales des Côtes-d'Armor, 3 M 413.

15. Mathieu Rubin de Rays s'oppose formellement à la construction d'une nouvelle école de garçons pour remplacer l'ancienne vétuste et trop petite. Archives départementales des Côtes-d'Armor, 3 M 413.

L'économie de pêche de la côte nord bretonne

La grande pêche

Si on consulte les registres d'armement des quartiers maritimes de la Bretagne nord, on voit bien que, pour l'administration de l'Inscription Maritime, il n'y avait pas d'ambiguïtés sur les catégories d'armement à la pêche. Pour la petite pêche, sont armées des embarcations jaugeant moins de dix tonneaux de jauge, non pontées et destinées à la pêche côtière au poisson frais. Les grands navires pontés pour des destinations lointaines sont voués en revanche à la grande pêche [16]. Les premiers sortent en général à la journée pour pêcher en quantités modestes du poisson consommé localement ; les seconds s'absentent plusieurs mois recherchant des morues prélevées en quantités industrielles et destinées à être vendues loin des ports d'attache. La grande pêche était donc grande par les distances, les tonnages des navires concernés et les quantités de poissons pêchés. En Bretagne nord, à cette époque, il n'existait donc nulle situation intermédiaire. La grande pêche se faisait à Terre-Neuve ou à Islande tandis que la petite pêche se pratiquait dans la Manche tout près des côtes.

Lorsque Joseph Conan entre au service de Matthieu Rubin de Rays, la grande pêche à Terre-Neuve est en pleine expansion en Bretagne nord : à Saint-Malo, mais aussi dans les ports plus modestes du quartier maritime de Saint-Brieuc. À Portrieux, Binic, Dahouët et au Légué, les armements sont florissants. De là, partent chaque printemps de nombreux voiliers vers Terre-Neuve. Si cette grande île et ses parages est encore la destination exclusive de la grande pêche morutière bretonne, on y pratique de concert la pêche sédentaire et la pêche sur les bancs. Les armateurs de la Baie de Saint-Brieuc, très attachés à la pêche sédentaire, envoient très peu de navires sur les grands bancs. À Saint-Malo, en revanche, on n'avait pas rompu avec une tradition très ancienne. Les armateurs malouins expédiaient encore la majorité de leurs navires vers les havres mais un tiers de ces unités étaient tout de même envoyées vers les bancs. À Saint-Brieuc, seul l'armateur Villeféron avait expédié, à partir du milieu des années quarante, deux ou trois unités pratiquer la pêche à la ligne de fond. Le jeune capitaine Conan avait d'ailleurs participé à cette tentative de 1848 à 1850 en commandant les bricks *Marie* et *Utile*.

16. Les rôles d'armement précisent les destinations : côte ouest de Terre-Neuve, côte est de Terre-Neuve, bancs de Terre-Neuve.

Vers 1850, dans les havres de Terre-Neuve, si quelques problèmes se profilent à l'horizon, globalement, les choses vont bien. Après la chute du Premier Empire et jusqu'au milieu du siècle, malgré quelques fluctuations, la grande pêche à Terre-Neuve n'avait fait que progresser. Les « chauffauds[17] » sont alors nombreux et les havres restent très occupés sur les côtes du Petit Nord au printemps et en été. Les navires armés par les Bretons sont de plus en plus nombreux et les tonnages croissent dans les mêmes proportions. En 1852, l'année précédant l'engagement de Joseph Conan auprès de Rubin de Rays, des records ont été battus.

Durant cette dernière campagne, Saint-Malo a armé 91 navires pour la grande pêche tandis que les ports de la Baie de Saint-Brieuc en ont armé 75. En moyenne, entre 1848 et 1851, les ports de Portrieux, Binic, Dahouët et du Légué ont expédié 71 navires à Terre-Neuve chaque année. Durant la même période Saint-Malo en a expédié 64. Quant au port de Paimpol où la pêche à Islande n'a pas encore commencé, il ne pratique la grande pêche qu'à un niveau confidentiel. Cette année-là, il n'arme que trois navires pour la pêche à Terre-Neuve : ce sera tout de même un record pour cette destination. Ces chiffres exceptionnels sont sans doute l'effet de la loi de 1851 qui instaure une prime à la grande pêche au profit surtout de la pêche sédentaire.

Lorsque, en 1853, Joseph Conan part pour Terre-Neuve à bord du *Saint-Brieuc* de Rubin de Rays, peut-être n'a-t-il pas entendu parler du démarrage de la pêche à Islande à Paimpol. Pourtant, moins de dix ans plus tard, en quête d'une nouvelle carrière et renonçant à Terre-Neuve, il tente lui aussi de participer à ce nouveau type de pêche en pleine expansion. Le Second Empire fut, en effet, une période de bouleversements pour la grande pêche dans son ensemble. En ce qui concerne la Bretagne, à la veille de la guerre de 1870, cette activité était globalement à peu près aussi prospère que vingt ans auparavant mais elle avait subi des mutations considérables. Les ports de la Baie de Saint-Brieuc s'étaient effacés au profit de Paimpol et de Saint-Malo. La pêche sédentaire à Terre-Neuve, sans avoir disparu totalement, s'était effondrée tandis que la pêche sur les grands bancs avait pris un nouvel essor. Quant à la pêche à Islande, elle était également en pleine expansion surtout à partir de Paimpol. Que s'était-il passé dans l'intervalle ?

L'impact de la guerre de Crimée

La correspondance entre Joseph Conan et son armateur Rubin de Rays a été écrite *grosso modo* durant la guerre de Crimée. Le capitaine en

17. Chauffaud : sorte de Wharf en bois surmonté d'installations où l'on préparait la morue débarquée à l'autre extrémité.

témoigne en particulier lorsqu'il relate à son armateur les difficultés qu'il a pour conserver les hommes de son équipage menacés de levée dans chaque port français. Les premières levées d'hommes eurent lieu en 1853 après que l'empire Ottoman eut été attaqué par la Russie. Cependant, ce n'est qu'à partir de la campagne de 1854 qu'elles deviennent importantes. La Bretagne fut évidemment très touchée. D'autant plus que si dans un premier temps, pour ne pas trop affecter le commerce maritime, les autorités de l'Inscription Maritime évitèrent dans la mesure du possible, de lever des marins en cours de contrat à leur arrivée dans un port français, ils n'hésitaient par contre pas à recruter les doubles actifs « cultivateurs-pêcheurs » qui n'embarquaient pas en mer d'octobre en avril.

Pour des raisons économiques évidentes, les armateurs ne pouvaient, bien entendu, se permettre de laisser de trop nombreux navires longtemps désarmés. Il fallait continuer à rentabiliser le matériel. Il restait donc aux armateurs une possibilité : réarmer certains morutiers pour le commerce. Cela ne nécessitait pas, en effet, l'enrôlement d'équipages trop nombreux. C'est effectivement ce qui se passa au quartier de Saint-Brieuc par exemple où, pendant la période de guerre, on reconvertit une partie des navires en les armant au cabotage ou au long cours. Cependant, cette reconversion partielle se fit avec des tâtonnements d'autant plus que le commerce maritime était en pleine mutation. La solution la plus simple consista à reprendre, le printemps et l'été, les circuits de cabotage traditionnels d'hiver et d'automne. Ainsi, vit-on, à la belle saison, des ex-morutiers transporter du vin et de l'huile, entre Méditerranée et Bretagne et de l'avoine dans le sens inverse. De plus, à une période où les besoins en charbon augmentaient, il n'y eut pas de difficultés pour trouver des frets à partir du Pays de Galles [18].

Mais c'est la guerre et il y a d'autres opportunités. Ainsi, certains navires marchands sont affrétés voire réquisitionnés pour transporter matériels et vivres mais aussi chevaux et hommes de troupe vers la Mer Noire. C'est un moyen efficace pour éviter la levée de matelots embarqués. Joseph Conan, par exemple, espère bien en janvier 1855 « charger pour le gouvernement » (*lettre du 26 janvier*) mais il n'y parvient pas. Par contre, la même année, le *Concorde* et le *Boréal* de l'armement briochin Sébert, habituellement armés pour Terre-Neuve vont à Swansea prendre du charbon. L'un ira livrer sa cargaison à Constantinople l'autre à Gallipoli. Cette manne se révèle toutefois insuffisante pour compenser totalement le surcroît de disponibilité de

18. J.-M. Auffray, « Entre grande pêche et commerce, la reconversion des armements bretons sous le Second empire », *ABPO*, 117, décembre 2010, p. 165-194.

nombreux navires. Il faut trouver d'autres solutions. Cela devient d'autant plus urgent que bientôt l'armée ne fait plus appel à la marine de commerce pour transporter troupes et matériel et qu'on commence effectivement à lever des marins embarqués en cours de contrat.

Pour éviter qu'on leur prenne leurs matelots, certains capitaines, encouragés par leurs armateurs, comptent sur la prévarication. C'est ainsi que Joseph Conan relate à Rubin de Rays, sans trop d'état d'âme, comment il use de ce procédé en 1855 à Marseille (*lettre du 7 mars*). Sollicité par un employé de l'Inscription Maritime, il parvient, moyennant le paiement d'une somme d'argent, à conserver son équipage pour aller en Méditerranée orientale. À son retour d'Alexandrie, contrairement à ses espoirs, la guerre n'est toujours pas terminée et il ne peut réitérer. Comme d'autres capitaines, Joseph Conan est obligé de se séparer de certains de ses hommes et d'engager sur place des matelots plus âgés qui n'ont nullement l'intention d'aller à Terre-Neuve. Il lui faut maintenant trouver d'autres solutions.

Pour échapper à la pression des autorités, le mieux ne serait-il pas d'entreprendre une très longue campagne au grand cabotage ou au long cours ? Cette solution est adoptée par quelques armateurs briochins. Des navires sont expédiés en Baltique ou en Méditerranée orientale. Quant aux voyages commerciaux au long cours, ils sont nettement préférables eu égard au but poursuivi. Mais en pratique, ils ne sont pas fréquents. En effet, pour les entreprendre, il fallait que les armateurs disposent de capitaines titulaires du diplôme de capitaine au long cours. Or, la plupart des capitaines à la grande pêche ne disposaient alors que du diplôme de maître de cabotage qui ne les autorisait pas à commander pour de tels voyages. Par conséquent, dans le quartier de Saint-Brieuc, ils furent rares à entreprendre comme Joseph Conan de grandes expéditions commerciales transatlantiques. Ce dernier, après deux grandes expéditions en Amérique du Sud, interrompit sa nouvelle carrière en 1857 lorsque cessèrent les séquelles de la guerre de Crimée. Rapidement, après la fin des hostilités, de nombreux marins furent libérés et purent rejoindre leurs quartiers bretons.

La guerre eut donc pour conséquence l'amorce d'une décrue du nombre des navires expédiés pour la pêche à la morue à Terre-Neuve. En moyenne, entre 1852 et 1856, pour les quartiers de Binic, Saint-Brieuc et Saint-Malo, elle est de l'ordre de 50 % [19]. Les affrontements directs cessent à la fin de 1855 mais il faut attendre la campagne de 1857, après la signature du traité de paix de 1856, pour que le niveau de l'armement pour Terre-Neuve redevienne normal.

19. J.-M. Auffray, loc. cit.

Crise de la grande pêche

À la fin des années cinquante et au début des années soixante, la grande pêche reprit en Bretagne son activité normale. Au début des années 1860, le nombre des navires expédiés à Terre-Neuve par les quartiers morutiers bretons était très proche de celui du début des années cinquante. Tout semblait reparti comme avant. En y regardant de plus près, ce n'était pas tout à fait le cas. Ainsi, au quartier de Saint-Brieuc, on voit des armements anciens disparaître tandis que d'autres expérimentent des trajets de retour atypiques. C'est que les frets de retours de Méditerranée sont de moins en moins intéressants au point que la plupart des trajets Méditerranée-Manche se font maintenant avec des cargaisons de sel destinées aux campagnes de pêche suivantes. Autre symptôme : à la fin des campagnes de pêche, la proportion des navires expédiés en Méditerranée diminue tandis que les retours directs en Bretagne augmentent.

Cette évolution est à mettre en rapport avec la crise de la pêche sédentaire clairement déclarée à partir de 1862. Entre 1862 et 1870, à Binic, Saint-Brieuc et Saint-Malo le nombre des navires expédiés dans les havres de la côte de Terre-Neuve s'effondre. En moins de dix ans, ce nombre est divisé par deux. L'expédition française au Mexique contemporaine du début de la crise, n'en est pas la cause puisque, lorsqu'elle sera terminée, le niveau des armements pour la grande pêche sédentaire ne se rétablira pas. Les causes sont plus profondes et multiples.

Les campagnes de pêche de 1863 et de 1864 furent particulièrement mauvaises alors que le débarquement à Vera Cruz inquiétait les armateurs échaudés par le précédent de la guerre de Crimée. Au quartier de Saint-Brieuc, quelques navires sont expédiés au commerce mais leur nombre ne compense pas du tout cette fois celui des morutiers désarmés définitivement. C'est qu'en France, d'importantes mutations sont en cours qui vont révéler les faiblesses du système de la pêche sédentaire.

Ce système était construit autour d'un produit, la morue sèche, et d'un marché, essentiellement Marseille. Outre les problèmes qui perdurent à Terre-Neuve, il va subir les conséquences du développement du réseau des chemins de fer en France puisque Saint-Malo et Saint-Brieuc sont reliés au réseau national en 1862 et 1863. La pêche, grande ou petite, en bénéficie ou en pâtit. La pêche au poisson frais sera, au XIXe siècle, la principale bénéficiaire de l'expansion du réseau ferré. Dans le quartier de Saint-Brieuc, le nombre de bateaux armés pour la petite pêche va croître considérablement. La morue verte qui se conserve moins bien que la morue séchée pourra aussi, éventuellement, être transportée rapidement vers l'intérieur. Pour la morue sèche par contre, le transport rapide ne présente pas beaucoup d'intérêt. En outre, une fois les ports de la Méditerranée reliés par chemin de fer à Paris et aux ports de la Manche, il devient de plus en plus difficile, pour les morutiers, de trouver des frets de retour de Méditerranée qui soient intéressants. De plus, à cette époque, des sécheries de plus en plus nombreuses sont installées sur la côte atlantique et, en particulier, à Bordeaux. Dès lors, les sécheries de Terre-Neuve n'ont plus guère de raisons de se maintenir.

Pour certains armateurs, la solution vient de Paimpol où on n'avait que très peu pratiqué la grande pêche à Terre-Neuve et où on se met à expédier des voiliers pour la pêche errante à Islande. Ce n'est donc pas un hasard si Joseph Conan entreprend une nouvelle carrière en 1862 à Paimpol. Avec le temps, les problèmes à Terre-Neuve prenant de l'ampleur, la pêche à Islande finit par faire plus d'adeptes, mais seulement dans certains ports voisins de Paimpol : dans le quartier de Binic, l'effondrement de la pêche sédentaire à Terre-Neuve s'est accompagné d'un essor presque équivalent de la pêche à Islande. À Dahouët, on expédie également des navires à Islande. C'est ce que fait le concurrent de Rubin de Rays, Jean-Pierre Le Péchon puis deux négociants – Grandpré et Carfantan – qui se lancent à leur tour dans cette activité. Au total, en cette année 1862, Dahouët envoie sept navires à Islande. À Saint-Malo, autre cas de figure, la diminution de cette pêche a été compensée par une augmentation des expéditions sur les grands bancs de Terre-Neuve. On y a également fait, durant quelques années, quelques expéditions pour l'Islande mais l'expérience ne s'est pas prolongée.

Le cas du quartier de Saint-Brieuc est complexe. Tandis que le petit port de Dahouët d'où était parti Joseph Conan abandonnait progressivement Terre-Neuve et effectuait une reconversion pour la pêche à Islande, les choses se passaient différemment au port voisin du Légué. Là aussi il y eut quelques tentatives à Islande mais, comme à Saint-Malo, cela ne dura pas. On tenta de s'accrocher désespérément à un type de pêche manifestement en voie d'extinction. Là comme ailleurs, la chute de la pêche sédentaire se poursuivit après 1870. Durant les années suivantes, à Saint-Brieuc, certains armateurs qui ont subsisté malgré la crise tentent une voie de sortie différente. Quelques bricks et trois-mâts sont définitivement affectés au commerce. Mais certains de ces bâtiments ne fréquentent guère plus le Légué.

Quant aux armateurs de Pléneuf, ils semblent avoir pleinement conscience des problèmes de fond qui vont affecter la grande pêche. Ils ne sont pas dupes de l'apparente reprise de l'après-guerre de Crimée. Aussitôt après celle-ci, à la fin des années cinquante, ils engagent leurs reconversions, et elle est en grande partie effectuée avant la crise des années 1862-1864. Mathieu Rubin de Rays, quant à lui, vend tous ses navires en état de naviguer et abandonne l'armement juste avant les manifestations aiguës de la crise, en 1862. Certes, il commence à avoir un âge un peu avancé, mais on peut voir aussi dans son abandon, la manifestation d'une grande perspicacité.

Le carnet des correspondances[20]

La source

Du 27 avril 1853 au 26 mai 1862, le capitaine Conan a recopié dans un cahier les lettres adressées à divers interlocuteurs au cours de ses voyages en mer. Cette correspondance représente 118 lettres recopiées sur 100 pages. Aucune réponse à ces courriers n'est retranscrite dans le carnet et un seul courrier, rédigé sur une feuille volante par un armateur est glissé entre les pages.

Le principal destinataire est de loin son armateur Mathieu Rubin de Rays de Pléneuf à qui il adresse 107 lettres entre le 27 avril 1853 au 3 novembre 1857. Les onze autres courriers rédigés dans la même période ont concerné divers capitaines, courtiers et négociants[21]. Cet ensemble compose la première partie du carnet.

Si les courriers débutent lors d'une campagne de pêche à Terre-Neuve, la correspondance concerne principalement les pérégrinations et négociations commerciales réalisées dans le contexte particulier de la guerre de Crimée. Aussi la fréquence des échanges est-elle irrégulière, car si lors des tractations commerciales, les décisions à prendre nécessitent une correspondance suivie entre un capitaine et son armateur, la pêche à Terre-Neuve ne requiert rien de tel : le capitaine se contente de faire parvenir trois ou quatre lettres d'information à son armateur pendant la saison de pêche lorsqu'un navire de passage repart pour la France.

À la quatre-vingt-quinzième page débute la seconde partie des échanges qui n'a pas l'ampleur de la première. En effet ils ne durent que du 31 janvier 1862 au 24 mai 186 : 4 mois donc. Ils n'occupent que 10 pages du carnet. Joseph Conan prépare alors une expédition à Islande qu'il va effectuer sur un navire dont il acquiert une part. Il recopie alors les courriers qu'il envoie à son associé armateur à Paimpol, Aubert-Lefeuvre (10 lettres), à son beau-frère, Jean Le Guillouzer, vérificateur des douanes (3 lettres) et à un autre interlocuteur (1 lettre).

À la fin du carnet pris tête-bêche, trente-neuf pages sont recouvertes de comptes commencés le 19 juin 1853 et achevés le 14 décembre 1857.

20. Arch. mun. de Saint-Brieuc, 10 Z 5, correspondance du capitaine Joseph Conan.
21. Voir la liste des destinataires en annexe.

Conan note de façon irrégulière sur ce cahier les montants des dépenses réalisées au cours des campagnes ainsi que les recettes en tentant parfois quelques bilans comptables.

Un témoignage : capitaine, un métier complexe

Nous ne saurons sans doute jamais qui était vraiment Joseph Conan. Presque tout de sa vie intime nous échappe. Il ne nous a rien laissé qui puisse nous éclairer sur ses joies, ses désirs, ses rêves, ses sentiments. Nulle trace non plus de ses options politiques ou religieuses. Ce qui ressort de sa personnalité ne nous apparaît qu'au travers d'un filtre très sélectif : une correspondance professionnelle dont il a voulu probablement garder des traces en cas de litige. Qui plus est, cette correspondance est – en dehors d'une syntaxe et d'une orthographe désastreuses –, très maladroite. Malgré ses origines bourgeoises, Joseph Conan n'est pas du tout à son aise quand il s'agit d'écrire. Dans ce mode d'expression, il est engoncé, confus et lourd parfois et il ne laisse pas de place à l'expression de sa personnalité. Par contre, ses écrits témoignent de son expérience maritime.

Joseph Conan parle peu de son métier au sens strict, c'est-à-dire celui de navigateur. Bien que doté du diplôme de capitaine au long cours alors que ses collègues n'ont en majorité que celui, inférieur, de maître de cabotage, il ne met guère en avant ses compétences techniques dans ce domaine. Tout au plus fait-il remarquer le don qu'il croit avoir concernant la météorologie. Il est vrai que ces compétences de navigation ne représentaient que la partie la plus évidente des attendus, car lorsque Conan embarque en 1853 et 1854, les rôles du *Saint-Brieuc* ne mentionnent pas la présence d'un maître de pêche aussi le capitaine dirige donc les opérations de pêche en comptant sur l'expérience acquise lors de ses premières campagnes comme novice ou matelot. Et la correspondance montre clairement que si Rubin de Rays ne se préoccupe pas des conditions de navigation, il attend de Joseph Conan des résultats lors de la campagne de pêche.

La campagne à Terre-Neuve terminée, il faut vendre les morues en Méditerranée puis chercher un fret de retour vers la Manche. Normalement, cette autre activité n'aurait pas dû demander trop de compétence de la part de Joseph Conan. Quelques années auparavant, les ventes se faisaient presque toujours dans les mêmes ports de Méditerranée auprès d'acheteurs réguliers bien connus des capitaines et des armateurs. Les cargaisons de retour étaient souvent les mêmes et les affréteurs tout aussi connus des fréteurs. Le rôle des capitaines consistait à superviser des opérations commerciales décidées par les armateurs ou par leurs représentants dans les ports et les décisions finales ne leur appartenaient pas.

Mais dès 1853, Rubin de Rays – contraint par des conditions de vente de morues plus difficiles à Gènes ou à Marseille et par des frets de retour plus rares –, incite Conan à se mettre en quête d'opportunités pendant que lui-même fait, de son côté, d'autres négociations menées parfois sur d'autres critères. C'est ainsi que Conan tente, sur ordre de son armateur, de vendre en 1853 ses morues à Porto (*21 septembre 1853*) puis à en 1854 à La Rochelle. Aussi le capitaine dépense-t-il beaucoup d'énergie à contacter négociants et intermédiaires, à évaluer des marchés aléatoires, comparer les prix, se faire une idée de la qualité de la marchandise tandis que son armateur impose des conditions qui ne tiennent pas forcément compte de l'état du marché local. La guerre de Crimée amplifie ces pressions puisqu'il doit affronter en 1856 et 1857 des situations inédites dans des ports du Levant et d'Amérique du Sud.

En effet, les grandes expéditions commerciales transatlantiques mettent à rude épreuve les facultés d'adaptation des capitaines terre-neuvas. Il fallait que ceux-ci se muent en vrais navigateurs au long cours sur des routes nouvelles et en négociants en denrées tout aussi nouvelles. Joseph Conan, qui dut aller en 1856 à Rio de Janeiro et en 1857 à Montevideo relate dans sa correspondance les nombreux problèmes qu'il lui a fallu tenter de résoudre dans ces ports exotiques. Cependant, si ces expéditions lui furent pesantes ce ne fut pas pour des raisons strictement maritimes. Il envisage sans état d'âme des expéditions pour les États-Unis, le Mexique ou l'Inde. Les problèmes sont plutôt dans les ports où il faut s'adapter à des mentalités, des coutumes et des réglementations nouvelles.

Certes, dans la majorité des cas, avant d'expédier leurs navires vers des destinations lointaines et inhabituelles, les armateurs prenaient souvent la précaution d'obtenir au préalable un fret avec charte-partie pour le retour pour de pas mettre les capitaines à la merci des consignataires, chargeurs et affréteurs. Ces vicissitudes, dans leur majorité, étaient épargnées aux capitaines des lignes commerciales plus ou moins régulières. Coutumiers qu'ils étaient de ces destinations exotiques, ils connaissaient marchandises et fournisseurs. Les armateurs des morutiers reconvertis étaient eux forcément amenés à prendre des risques pour jouer dans la cour des grands.

À Montevideo, Joseph Conan le constate à son détriment. Dès qu'il arrive dans ce port, il remarque d'abord qu'il ne lui est pas possible de charger sans passer par le consignataire qui est « le premier du pays ». Cette entreprise semble incontournable et les tarifs doivent s'en ressentir surtout pour un nouveau venu comme Joseph Conan. Puis il est acculé à remplir laborieusement son navire de peaux, de cornes et autres produits dérivés de l'élevage bovin sans savoir vraiment comment il pourra les revendre au Havre (*lettre du 5 juin 1857*). Cet épisode malheureux, sans doute une catastrophe commerciale, clôturera d'ailleurs l'expérience du commerce au long cours, aussi bien pour l'armateur Rubin de Rays que pour le capitaine Joseph Conan.

La nature de la marchandise peut elle aussi réserver quelques surprises surtout si on ne la connaît pas. Le voyage du *Saint-Brieuc* au Brésil illustre bien ce problème (*14 septembre 1856*). Joseph Conan n'a manifestement jamais transporté de café, il y a des doutes sur les quantités emportées. Faut-il s'occuper simplement du volume global occupé dans le navire et compter en tonneaux ? Ou bien faut-il mesurer en nombre de sacs ou en poids ? Il en ira de même à Alexandrie, quand il charge une cargaison de coton et découvre qu'il doit être comprimé (*19 avril 1855*). Dans ce port, Joseph Conan est prisonnier d'un réseau inextricable de négociants, de chargeurs et de consignataires, complices probables de certaines autorités portuaires.

De plus, le problème de la langue devait inévitablement se poser. Le néophyte en navigation commerciale internationale avait tout intérêt à ce que les contrats d'affrètement dont la complexité pouvait parfois être source de contentieux, soient rédigés en français. Connaissant ses limites en ce domaine, Joseph Conan attire avec justesse l'attention de son armateur sur ce problème. D'un commun accord ils devront se résoudre à limiter leurs choix à des chartes-parties rédigées en français. Les réglementations portuaires étrangères pouvaient aussi déconcerter. On voit Joseph Conan douter devant les exigences de certains fonctionnaires qui semblent l'étonner.

Une part des nouvelles difficultés a trait aux équipages car les tensions semblent plus nombreuses que lors des voyages à Terre-neuve. C'est lors de son voyage au Brésil que, semble-t-il, le problème de son autorité s'est posé avec la plus grande acuité pour Joseph Conan. Ce qu'il rapporte à son armateur montre que durant cette campagne, l'atmosphère à bord du *Saint-Brieuc* était particulièrement calamiteuse. La consommation excessive d'alcool, la phobie de diverses maladies contagieuses, la fatigue des longues traversées dans des mers inconnues, les tentations de désertions rendent ces tribulations commerciales beaucoup plus chaotiques que les expéditions à Terre-Neuve.

Mais les plus grandes sources d'embarras de Conan naissent des nouvelles attentes de l'armateur qui dans le cadre de la reconversion de ses navires est amené à prendre des risques pour jouer dans la cour de ceux qui assurent les lignes commerciales régulières. Joseph Conan le paye à ses dépens à Montevideo, au Brésil, ou à Alexandrie quand il est confronté aux négociations difficiles avec les intermédiaires indispensables que sont les consignataires et les courtiers et les banquiers. Rubin de Rays n'a en effet pas les appuis nécessaires dans les ports pour soutenir son capitaine et leur relation en pâtit. Les tensions nées d'une mauvaise définition des rôles de chacun (*23 octobre 1856*), du manque de confiance de l'armateur (*30 décembre 1856*) et de l'absence d'infrastructures commerciales adéquates sont de plus en plus palpables et la déférence dont fait preuve Conan envers son armateur dans les premières lettres laisse place peu à peu à l'agacement (*17 novembre 1853*) ou à des reproches d'incompétence (*3 juillet 1855*) voire parfois à une certaine ironie (*17 mai 1856*).

– Les voyages

Date	**1re campagne de pêche et cabotage**
27 avril 1853	Le *Saint-Brieuc* est armé à la grande pêche [22] Départ pour Terre-Neuve
1er septembre 1853	Quitte Terre-Neuve
21 septembre 1853	Arrivée à Porto
Octobre 1853	Arrivée à Gènes
7 novembre 1853	Arrivée à Marseille
23 novembre 1853	Arrivée au Havre
25 novembre 1853	Arrivée à Marseille. Désarmement [23] Armé pour le grand cabotage
3 janvier 1854	Arrivée au Havre
6 février 1854	Arrivée à Cardiff
11 mars 1854	Arrivée à Nantes
17 avril 1854	Arrivée à Dahouët. Désarmement à Saint-Brieuc [24] Armement pour Terre-Neuve [25]
	2e campagne de pêche et de cabotage
4 mai 1854	Quitte Binic à bord du *Saint-Brieuc*
7 juin 1854	Arrivée à Terre-Neuve
5 octobre 1854	Arrivée à Dahouët Désarmement à Saint-Brieuc [26]
	Désarmement puis armement au cabotage
18 octobre	Armement au cabotage à Saint-Brieuc Départ pour La Rochelle
5 novembre 1854	Arrivée à La Rochelle

22. 4P7183, rôle de désarmement, SHM-Brest.
23. 4P7183, rôle de désarmement, SHM-Brest.
24. 4P7185, rôle de désarmement, SHM-Brest.
25. 4P7187, rôle de désarmement, SHM-Brest.
26. 4P7187, rôle de désarmement, SHM-Brest.

29 novembre 1854	Arrivée à Marans
26 janvier 1855	Arrivée à Marseille
11 avril 1855	Arrivée à Alexandrie
17 mai 1855	Arrivée à Marseille
19 juillet 1855	Arrivée à Bouc
17 septembre 1855	Arrivée à Dunkerque
25 octobre 1855	Arrivée à Saint-Malo Désarmement à Saint-Malo [27]
	1re campagne au long cours
5 janvier 1856	Armé au long cours à Saint-Brieuc [28] Quitte Saint-Malo
19 janvier 1856	Arrivée à NewPort
14-16 février 1856	Arrivée à Cardiff
14 avril 1856	Arrivée à Rio-de-Janeiro
29 mai 1856	Quitte Rio-de-Janeiro
23 août 1856	Arrivée à Malaga
14 septembre 1856	Arrivée à Frioul
20 septembre 1856	Arrivée à Marseille
7 octobre 1856	Désarmement à Marseille [29]
	2e campagne au long cours
Novembre 1856	Armé au long cours à Marseille [30]
8 décembre 1856	Arrivée à Hyères
21 mars 1857	Arrivée à Montevideo
3 novembre 1857	Arrivée au Havre. Désarmé
	Conan abandonne la navigation. Interruption pendant cinq années
Mars 1862	Armé à Islande à Paimpol [31]
2 avril 1862	Départ à Islande
26 mai 1862	Fin du carnet en cours de campagne
Octobre 1862	Désarmé à Paimpol

27. 4P7187, rôle de désarmement, SHM-Brest.
28. 4S 296, rôle de désarmement, AD I-V.
29. 4S 296, rôle de désarmement, AD I-V.
30. 6P 6206 4S 296, rôle de désarmement, Archives de Haute-Normandie.
31. 4P7 117, rôle de désarmement, SHM-Brest.

– Listes des destinataires des lettres de Joseph Conan

Voyage à Terre-Neuve et au long cours (avril 1853-3 novembre 1857)

Rubin de Rays, armateur : 107 lettres

Lesage, capitaine	11 juillet 1853,	Les Griguets (Terre-Neuve)
Dagorne, capitaine	17 juillet 1853	Les Griguets (Terre-Neuve)
Lesage, capitaine	10 août 1853	Les Griguets (Terre-Neuve)
Pages et Salomon, courtiers,	19 novembre 1853	Gênes
Blanc frères, courtiers	19 novembre 1853	Gênes
Blanc frères, courtiers	31 novembre 1853	Gênes
Lécuyer, femme de marin	23 décembre 1855	Saint-Malo
Burton et Edwards, négociants	? janvier 1856	Newport
Burton et Edwards, négociants	09 février 1856	Newport
Branchard, courtier	24 septembre 1856	Marseille
X et Cie, consignataires	21 mars 1857	Montevideo
Consul général de France	29 août 1857	Montevideo

Voyage en Islande

Aubert-Lefeuvre, armateur : 10 lettres

Le Guillouzer, beau-frère	4 février 1862	Saint-Brieuc
Le Guillouzer, beau-frère	01 mars 1862	Ars-en-Ré
Masseur, ?,	15 mars 1862	Ars-en-Ré
Le Guillouzer, beau-frère	15 mars 1862	Ars-en-Ré

Lettres Avril 1853-Avril 1854

Première campagne de grande pêche et de cabotage

En avril 1853, le brick Saint-Brieuc, *commandé par Joseph Conan, est armé à Saint-Brieuc puis expédié pour la pêche à la morue à Terre-Neuve. Il part de Dahouët le 27 avril et arrive au Havre des Griguets le 30 mai.*

C'est un navire de 217 tonneaux de jauge qui a été construit en 1846 à Saint-Malo. Acheté par Mathieu Rubin de Rays, il a été depuis lors commandé par Jean-François Hamonet originaire de Pléneuf. Il a effectué plusieurs campagnes de pêche à Terre-Neuve entrecoupées par des campagnes de cabotage consistant, le plus souvent, à transporter des cargaisons de sel des salines de l'Atlantique ou de charbon du Pays de Galles.

Pour la traversée, le capitaine est assisté par un second: Mathurin Guinard. Comme les règlements encore en vigueur l'y obligent, l'armateur a fait embarquer un « chirurgien », Sébastien Le Moniet. Le nombre d'hommes inscrits sur le rôle d'armement, est important, une dizaine d'hommes pour les manœuvres, les autres sont des pêcheurs ou des manœuvres pour Terre-Neuve.

En dehors du capitaine, du second et du chirurgien, l'équipage se répartit comme suit:

– huit novices et quatre mousses;

– un maître tonnelier, un maître charpentier, un maître calfat, un maître voilier, un voilier et deux calfats;

– deux maîtres de senne, deux avants de senne et douze senneurs;

– quatre maîtres de bateaux, six avants de bateaux et six banquiers;

– un maître capelanier, un avant capelanier et deux capelaniers[1].

---

1. Les maîtres de sennes commandent des bateaux d'assez grande dimension (environ 30 pieds) appelés aussi chaloupes. Les avants de sennes, qui peuvent être considérés comme des seconds, leur servent de guides durant les manœuvres. Chaque navire embarque également quatre ou cinq senneurs qui se chargent des filets: les sennes à

Pour la campagne à Terre-Neuve, les salaires versés seront les suivants[2] *:*
– capitaine : 800 francs ;
– second : 500 francs ;
– chirurgien : 500 francs ;
– maîtres charpentiers, tonneliers et calfats : entre 300 et 400 francs ;
– calfats et voilier : 230 ou 260 francs ;
– maîtres de sennes : 500 francs ;
– avants de sennes : 350 francs ;
– senniers : 200 à 240 francs pour les matelots ;
– maîtres de bateaux : 300 à 330 francs ;
– avants de bateaux : 200 à 230 francs ;
– banquiers : 80 à 135 francs (ce sont souvent des novices) ;
– maîtres capelaniers : 300 francs ;
– capelaniers : 200 francs ;
– novices sans spécialité : de 40 à 140 francs ;
– mousses : de 30 à 40 francs.

Lorsque sa correspondance commence, Joseph Conan et son équipage sont installés depuis un mois au Havre des Griguets qui se trouve à l'extrémité de la péninsule du « Petit Nord ». Cette région de Terre-Neuve se trouve dans la partie septentrionale de l'île. C'est là que la plupart des pêcheurs français pratiquent la grande pêche sédentaire.

– Le Griguet, le 30 juin 1853

À Monsieur Derays[3]

Monsieur,

Nous sommes partis comme vous le savez le 27 avril au matin. Sans nous arrêter nulle part, nous avons passé par un détroit du raz de Bréhat. Notre traversée a été assez heureuse dans les huit premiers jours mais ensuite nous

morues. Les maîtres de bateaux commandent des embarcations plus petites (environ 27 pieds) qui ne portent qu'un seul mât. Elles sont destinées également à la pêche à la morue mais à la ligne de main. Chaque bateau embarque aussi un avant ainsi que deux ou trois banquiers. Les maîtres capelaniers commandent des bateaux encore plus petits (environ 25 pieds). Ils sont accompagnés par deux capelaniers et un avant capelanier.

2. Rôle de désarmement, Archives de la marine de Brest, 4 P 7 : 115.

3. Dans la plupart des actes, l'armateur se fait appeler Mathieu Rubin de Rays ou de Rays mais c'est ainsi que Joseph Conan lui adresse ses courriers.

avons eu du mauvais temps et du vent debout. En arrivant à Terre-Neuve, nous avons eu de la brume et de la neige. Nous sommes entrés le 30 mai au matin. Nous avons aussitôt envoyé à terre la barquette[4] pour calfater : nous l'avons mis à la mer le 2 au matin. Nous avons expédié Monsieur Guinard[5] avec les hommes de son équipage dans la barquette et leurs bateaux ayant à bord le sel et les ustensiles de pêche. Nous avons mis en pêche le 5 juin après-midi et nous avons aujourd'hui environ cent dix milles morues.

La *Marie-Victoire*[6] est arrivée le 21 pendant la nuit et a mis dans les grands Bréhat[7] le 22 dans l'après-midi. Les hommes qui étaient à bord nous sont arrivés le 23. Le capitaine[8] est venu à l'habitation et m'a apporté une lettre de vous. Selon cette dernière, je me ferai expédier pour Porto. Là, si le prix n'était pas convenable et que j'étais de bonne heure, je toucherai à Alicante et de là à Gênes.

Tout l'équipage est en bonne santé ainsi que celui de la *Marie Victoire.*

J'ai l'honneur d'être votre tout dévoué.

– Le Griguet, le 11 juillet 1853

À Monsieur Lesage

Monsieur,

Je vous envoie Monsieur Guinard afin qu'il vous montre ce qu'il a embarqué pour vous à Dahouët et qu'il prenne les objets que nous avions prêtés à Monsieur son frère. Pour prendre aussi les eaux de vie et vins que vous avez également pour nous ainsi que le plomb et le liège… Enfin tout ce que vous avez pour nous.

J'ai l'honneur de vous saluer.

---

4. C'est une petite embarcation non pontée et avec les deux bouts pointus.

5. Mathurin Guinard, de Pléneuf, le second.

6. La *Marie-Victoire* est un autre navire de l'armateur Mathieu Rubin de Rays. C'est un brick de 114 tonneaux. À la fin de la campagne, son rôle consistera surtout à ramener à Dahouët la plupart des hommes amenés à Terre-Neuve par le *Saint-Brieuc.*

7. La première île de Bréhat citée est bretonne. La grande Bréhat est une des îles situées dans la baie de Saint-Lunaire juste au sud des Griguets à Terre-Neuve.

8. Marie Ange Lesage, de Pléneuf, est maître de cabotage.

– Le Griguet, le 17 juillet 1853

À Monsieur Dagornet, capitaine du *Courrier du Nord*[9]

Un de mes maîtres de senne nommé Milon débordait[10] à Cap d'Oignon et avait déjà ses... dehors quand un des vôtres nommé Gaufrai est venu mouiller sa chatte[11] dans le jour des sennes. Milon l'a prévenu mais il n'en a pas tenu compte et il a dit à ses hommes: « en avant tout de même ». Il y a deux maîtres de senne qui sont témoins ainsi que plusieurs maîtres de bateaux. Aussi, Monsieur, vu l'état des choses, je serais en droit de dresser un procès-verbal, ce qui serait excessivement désagréable pour moi. Si pareille occasion se présentait, j'y serais forcé. Aussi, je vous prie de vouloir bien prévenir votre maître de senne en lui faisant sentir sa faute.

J'ai l'honneur de vous saluer.

Le capitaine du *Saint-Brieuc.*

– Le Griguet, le 25 juillet 1853

À Monsieur Derays

Je profite de l'occasion de la marine[12] pour vous donner des nouvelles de notre pêche qui est très pauvre et même de mauvaise apparence. Nous avons environs cent quatre-vingt-quinze milles morues grâce à celles que nous avons pêchées avant que les autres navires ne fussent arrivés. Nous sommes dans les mieux des Griguets. Nos sennes, depuis 13 jours sont à Cap d'Oignon à l'entrée du golfe ainsi que celles de tous les navires du Havre et des environs. Nous y avons pris quelques morues mais aujourd'hui nous ne prenons plus rien. Cependant, nous avons l'espoir d'en prendre encore quelques-unes dans le même endroit. Nous avons commencé à laver et à sécher.

J'ai fait prévenir Monsieur Lesage du départ de ce navire et il m'a répondu qu'il aurait écrit par un navire qui doit partir incessamment de Grands Bréhats pour vous annoncer qu'il avait environ cent milles.

J'ai l'honneur d'être votre tout dévoué.

---

9. Le *Courrier du Nord* est un brick appartenant à l'armateur Besnard du Légué.

10. Déborder, c'est s'éloigner d'un lieu d'accostage ou d'une autre embarcation soit à la main soit à la gaffe. Ici, le terme signifie probablement jeter les filets.

11. Sorte de grappin.

12. Probablement un stationnaire, c'est-à-dire un navire de la marine de guerre française. Il a un rôle d'assistance médicale et technique, de contrôle et d'arbitrage et il apporte et prend le courrier. Face à la pression des habitants de Terre-Neuve, sa présence a en principe un effet dissuasif.

– Le Griguet, le 10 août 1853

À Monsieur Lesage, capitaine de la *Marie-Victoire*

Je vous ai renvoyé la quantité de vin et d'eau-de-vie que vous m'avez envoyée attendu qu'elle est de mauvaise qualité. Nous avons comparé les deux liquides avec les nôtres. Les vôtres sont de beaucoup inférieurs; chose qui ne devrait pas exister attendu qu'ils sont du même endroit et de la même pièce m'avez-vous dit.

Je vous envoie le [...] que j'avais prêté à Monsieur Hulote et c'est tout ce qu'il peut me donner pour le moment.

Je dois faire un repas comme cela se fait habituellement le 15 août; si vous voulez y venir, je vous en prie

J'ai l'honneur d'être *(non terminé).*

– Le Griguet, le 16 août 1853

À Monsieur Derays

Dans ma dernière lettre, je vous disais que j'avais l'espoir de prendre encore quelques morues mais je me suis trompé. On ne prend plus rien ce qui va me décider à partir vers la fin du mois car une grande partie des navires allant à l'étranger sont déjà partis. Nous avons environ deux cents milles de morues. Tout est bientôt prêt. Nous sommes en train de lester le navire. Nous avons visité son gréement.

Je n'ai pas reçu de lettre depuis celle que m'a apporté la *Marie-Victoire.*

Tout le monde se porte bien.

J'ai l'honneur d'être votre tout dévoué.

– Le Griguet, le 1er septembre 1853

À Monsieur Derays

J'ai l'honneur de vous annoncer mon départ de Terre-Neuve avec la morue de la *Marie-Victoire* et la nôtre. Cela se monte à 216 mille morues pour nous et 112 mille pour la *Marie-Victoire;* l'ensemble pesant 102 130 kilogrammes [13].

13. Le poids moyen des morues est faible. Charles de la Morandière donne des valeurs analogues pour le XVIIIe siècle. Morandière Charles de la, *Histoire de la pêche française dans l'Amérique septentrionale,* 1962-1967.

Je joins à ma lettre la note des hommes ainsi que le double du certificat de prime. Je pense, Monsieur, à mon arrivée à Porto, avoir une lettre de vous [14].
J'ai l'honneur d'être votre tout dévoué.

– Porto, le 21 septembre 1853
À Monsieur Derays

Je vous annonce mon arrivée à Porto. Nous sommes entrés hier au soir. Nous avons mouillé dans la rivière à cinq heures du soir. On a été ce matin à la poste voir s'il y avait des lettres mais on n'en a pas trouvé. Suivant votre lettre du 6 mai, j'ai été voir ce matin Monsieur Fortunato qui est le consignataire [15] que les armateurs de la baie de Saint-Brieuc ont pris habituellement. Nous avons cherché pour la vente de la morue mais il ne peut encore m'assurer que de 13 à 15 francs les 50 kilogrammes. Demain matin, si je ne trouve pas le prix que vous demandez, je me fais expédier [16] chez le consul et je pars après-demain matin à moins que, comme il arrive un courrier de

14. La *Marie-Victoire*, arrivera à Dahouët le 24 septembre avec la plupart des hommes qu'elle a amenés à Terre-Neuve plus la majorité de ceux du *Saint-Brieuc* passés en ressac. Pour la traversée, plus de soixante hommes y seront donc entassés. La plus grande partie de la morue, provenant de la pêche des deux navires va quant à elle, être dirigée vers le Portugal. C'est un équipage réduit et, en principe, plus expérimenté qui sera choisi pour amener le *Saint-Brieuc* là-bas. Composé de treize hommes il va donc partir pour Porto. En dehors du capitaine et du second, on compte neuf matelots, un novice et un mousse. Trois des matelots, embarqués à Terre-Neuve, proviennent de la *Marie-Victoire*. À partir de ce moment, pour le voyage, les soldes seront mensualisées sans tenir compte des spécialités à Terre-Neuve :
capitaine : 120 francs par mois ;
second : 70 francs par mois ;
matelot : 32 francs par mois ;
novices : 22 francs par mois ;
mousses : 15 francs par mois.
15. Le terme, qui sera plusieurs fois utilisé par la suite, peut avoir une signification un peu différente selon les endroits où les époques. Un consignataire effectue pour le compte d'un armateur les opérations que le capitaine n'effectue pas lui-même dans un port. Il s'occupe des formalités auprès des autorités portuaires et administratives. Dans un port d'embarquement, il reçoit les marchandises à transporter et il livre les marchandises à la personne à qui elles sont destinées. Son rôle est donc de se charger du stockage éventuel et de la vente des cargaisons.
16. Expédier un navire, c'est remettre au capitaine les papiers réglementaires pour qu'il puisse prendre la mer.

France cette nuit ainsi que le paquet[17] anglais, je ne reçoive une lettre de vous qui me donne des ordres contraires. Il m'a à peu près promis un fret de vin pour l'Angleterre (Londres) qu'il me dit être très avantageux.

Notre traversée a été très dure. Nous avons perdu, dans un ouragan épouvantable qui a eu lieu le 10, deux huniers qui étaient au bas ris ainsi que notre petit foc. Cependant, nous avons réparé le grand hunier et le petit foc avec les débris du petit hunier qui était irréparable. Je ne crois pas avoir d'autres avaries.

Tout l'équipage se porte bien.

J'ai l'honneur d'être votre tout dévoué.

– Porto, le 25 septembre 1853

À Monsieur Derays

N'ayant pas trouvé le prix que vous demandiez pour la vente de la morue[18], je pars pour Alicante ou Gênes. J'ai été obligé d'emprunter de l'argent pour payer les dépenses faites n'en ayant plus assez et pour cela. J'ai fait une traite sur vous à trois jours (de vous) pour la somme de 691 francs. Ce négociant doit vous écrire et en même temps vous donner le compte de la dépense. Je lui ai donné cent francs de l'argent du bord ce qui fait mon compte à la somme de 791 francs. J'ai payé avec une partie du reste diverses dépenses pour le navire.

Tout l'équipage est en bonne santé.

J'ai l'honneur d'être votre tout dévoué.

– Gênes, le 14 octobre 1853

À Monsieur Derays

Je vous écris pour vous annoncer mon arrivée. J'ai, de Porto[19], fait route pour Alicante mais, ayant été longtemps pour y arriver, les vents se trouvant debout et gros temps et alors qu'il m'aurait fallu peut-être perdre plusieurs

---

17. Packet-boat, donc le paquebot. C'était un navire spécialisé dans le transport du courrier et de passagers.

18. Le *Saint-Brieuc* est arrivé à Porto avec 327 000 morues pesant 102 132 kilogrammes.

19. Les morues n'ont pas été vendues à Porto : cette année-là, en effet, en dehors du *Saint-Brieuc*, sur 22 morutiers des ports du Légué et de Dahouët allant livrer directement leurs cargaisons à partir des havres de Terre-Neuve, 15 seront allés vendre à Gênes/Marseille, 5 à Valence/Alicante, un à Cadix et un à Messine.

jours, le vent se trouvant bon pour aller à Gênes, je me suis décidé à faire route pour ce port où nous sommes arrivés hier soir à 11 heures.

J'ai été à terre voir Monsieur Delarue. Plusieurs marchands sont venus à bord voir la morue et cet après-midi, Monsieur Delarue m'a dit qu'elle était vendue cap et queue 14 francs les 50 kilogrammes : celui qui en a vendu le plus n'a vendu qu'à 13 francs 50. On attend encore plusieurs navires chargés de morues.

On me propose un fret mais on ne me propose pas 50 francs[20]. Je compte écrire demain à quelques courtiers[21] à Marseille, Toulon ou Hyères.

Tout l'équipage se porte bien.

J'ai l'honneur d'être votre tout dévoué.

– Gênes, le 19 octobre 1853

À M. Pagès et Salomon, Cette[22]
À M. Blanc frères, Marseille

Je vous prie de m'envoyer le prix des frets auxquels je pourrai charger pour tous les ports de la Manche ou de l'Océan en exceptant cependant Rouen à moins d'alléger au Havre à mes frais et non à mes risques, en me donnant toutes les conditions. Alors, par le retour non du premier mais du second courrier, je vous écrirai ma décision. Je pense pouvoir être prêt à partir d'ici, sans cependant m'y engager, dans une vingtaine de jours au plus tard attendu qu'il fait continuellement mauvais temps. Le navire est jaugé 217 tonneaux. En attendant votre réponse.

J'ai l'honneur de vous saluer.

Conan, capitaine du *Saint-Brieuc* à Gênes.

20. L'affréteur payerait 50 francs par tonneau.

21. Les courtiers jouent le rôle d'intermédiaire entre armateurs et affréteurs et d'aide aux formalités. En France, les courtiers exercent une fonction officielle dont les obligations et prérogatives sont encadrées et précises. Ainsi ce sont eux qui sont chargés de traduire les documents de bord des navires étrangers. Toutefois, le terme de courtier tel que l'utilise Joseph Conan est embarrassant, puisque alors le terme n'a pas le même sens en France et à l'étranger et qu'il y a parfois confusion entre les courtiers et les consignataires.

22. Graphie utilisée à cette époque pour Sète. La lettre est envoyée à des courtiers de Marseille et de Sète.

– Gênes, le 27 octobre 1853

À Monsieur Derays

Je reçois votre lettre en date du 20 courant dans laquelle vous me donnez des reproches sur la vente de la morue. J'ai cru bien faire car, en vendant 14 francs (cap et queue), la morue doit être vendue au vis-à-vis de l'année dernière de 16 à 17 francs le quintal[23] attendu que nous n'avons pas de diminutions par l'habillage. D'un autre côté, plusieurs navires devaient arriver. Les vapeurs de Marseille apportent tous les jours de la morue. Plusieurs capitaines ont reçu des lettres venant de Marseille dans lesquelles on dit que toute la morue va en magasin. Monsieur Rochard[24] a reçu une lettre de Toulon et d'autres ont reçu des lettres de Marseille dans lesquelles on dit que les frets sont tombés à cause de la grande quantité de navires qui sont arrivés.

Je n'ai pas encore reçu de réponses aux lettres que j'ai écrites aux courtiers de Marseille et de Cette. Je vais tâcher de trouver un fret pour aller prendre du grain en Roumélie[25] puisque vous me dites de faire du fret dans la Méditerranée. Il n'y a rien pour la Manche ainsi que pour l'Océan et les courtiers ici sont d'assez mauvaise foi. Il faut par conséquent y faire bien attention. Si les frets de Cette pouvaient me convenir.

Je trouve ici des barriques vides qui pourraient, en les remplissant d'eau, me compléter mon lest et me donner ensuite le moyen de payer quelqu'un ; dépense qui vaudrait mieux que de prendre du lest.

Nous finissons aujourd'hui de décharger et le chargement a toujours été trouvé beau à l'exception de la dernière couche. J'ai vendu les morceaux de senne à raison de 20 francs 50 le quintal.

Sitôt que j'aurai reçu les réponses des courtiers, je vous écrirai à ce sujet. Si je prends fret pour le Levant, je vous en donnerai avis.

J'ai l'honneur d'être votre tout dévoué.

---

23. Le quintal de morues équivaut à 55 kg.

24. Edmond Rochard revient de Terre-Neuve. Il a commande l'*Alcide* de l'armement Boullé de Saint-Brieuc.

25. Ce terme correspond à la partie européenne de l'empire Ottoman, c'est-à-dire, pour cette époque de l'histoire, à un territoire aux frontières fluctuantes qui correspond grossièrement de nos jours, à la Bulgarie, l'Albanie, le Montenegro, la Serbie, la République de Macédoine, au nord de la Grèce et à la partie orientale de la Roumanie.

– Gênes, le 31 octobre 1853

À Monsieur Derays

Monsieur, je reçois à l'instant votre lettre dans laquelle vous me dites que Monsieur Piedvache du Bosq[26] a donné l'ordre à son négociant de me proposer un chargement de grains mais vous ne me donnez pas son adresse à Marseille et même pas son nom.

J'ai demandé du lest pour faire le complément de ce que j'ai à bord. Je vais me diriger vers Marseille car ici, on m'a bien proposé un fret en grain à prendre en Italie mais il me faudrait aller à Bouc prendre des ordres pour Liverpool ou Londres et ensuite, relever[27] au choix pour l'un de ces deux ports. Aussi, je préfère aller à Marseille.

Les prix de fret qui m'ont été donnés par Messieurs Blanc frères auxquels j'avais écrit sont :

Nantes	30 F le lourd	35 F le liquide
Havre	30 F le lourd	35 F le liquide
St Valéry[28]	35 F le lourd	40 F le liquide

Ils ont fait des affrètements en sel à Bouc pour Dunkerque à 38 F les 1 100 kilogrammes.

Je reçois la lettre du courtier de Cette en même temps que la vôtre et il me donne à peu près les mêmes prix. Aussi, je vais à Marseille le port étant plus sûr que celui de Cette où il se fait continuellement des avaries. Si je n'y trouve pas mon affaire, j'irai à Cette. Je pense pouvoir partir d'ici dans trois ou quatre jours et trouver une lettre de vous me donnant votre avis sur ce que je dois faire.

J'ai l'honneur d'être votre tout dévoué.

26. Jean Marie Piedvache est un négociant de Saint-Brieuc qui a des accords avec des négociants à Gênes et à Marseille. Ce personnage a des relations haut placées en particulier dans l'armée. Son nom apparaît souvent au Tribunal de commerce de Saint-Brieuc à propos de divers contentieux. Archives départementales des Côtes-d'Armor, 6 U1 15.

27. Un navire relève pour un port quand, après déchargement de sa cargaison, il va vers ce port sur lest afin d'y prendre un fret.

28. Saint-Valéry-sur-Somme ou Saint-Valéry-en-Caux. Les deux ports sont alors parfois touchés par les morutiers de la baie de Saint-Brieuc.

– Gênes, le 31 octobre 1853
À M. Blanc frères à Marseille

Messieurs, nous allons commencer à lester et je vais, aussitôt que je serai prêt, partir pour votre port où je pense pouvoir, suivant votre lettre en date du 25 courant, charger. Une fois rendu là, nous pourrons nous occuper de ce que nous devons faire car j'espère que plusieurs navires seront déjà partis. En attendant le plaisir de vous voir, j'ai l'honneur de vous saluer.

– Gênes, le 4 novembre 1853
À M. Derays

Je vous annonce mon départ. J'ai à bord, comme vous me l'avez dit, le compte de Monsieur Delarue pour la cargaison ainsi que le double du certificat de prime. J'ai pris chez Monsieur Delarue 1 400 francs pour payer les frais et les avances faites à l'équipage plus l'argent que j'ai encore à bord afin de ne pas être autant que possible obligé d'en prendre à Marseille où je me dirige suivant ce que j'ai cru voir de plus avantageux et suivant les lettres que j'ai reçues des courtiers et de vous. J'attends à mon arrivée, suivant ma dernière lettre, une de vous.

Tout l'équipage est bien.

J'ai l'honneur d'être votre tout dévoué.

– Marseille, le 7 novembre 1853
À M. Derays

Je vous annonce mon arrivée à Marseille. Nous sommes venus de Gênes en 30 heures. Nous avons mouillé dans le port neuf le 5 à 8 heures du soir. J'ai été à la poste voir si je n'avais pas de lettre en rapport avec l'affaire de Monsieur Piedvache du Bosq. Je n'ai rien trouvé. Je vais attendre jusqu'à demain afin de savoir votre avis et, si je n'en ai pas une, je vais fretter pour vous en blé. Je ferai environ 15 700 francs de fret ce qui, je crois, sera avantageux[29]. Peut-être pourrai-je obtenir davantage et il vaudrait mieux faire un bon fret que d'en faire deux petits attendu qu'il y a moins de dépenses pour un que pour deux et que peut-être on pourrait tout de même trouver

29. Le fret qui sera effectivement touché au Havre sera considérablement inférieur à ce que Joseph Conan espère : 10 590 francs.

à en faire un autre petit car, étant favorisé, ce ne serait pas beaucoup plus long que pour Dunkerque. Aussitôt que j'aurai traité, je vous le ferai savoir.
Tout l'équipage se porte bien.
J'ai l'honneur d'être votre tout dévoué.

– Marseille, le 9 novembre 1853
À M. Derays

Monsieur, je vous annonce que j'ai fretté pour Le Havre 31 francs du tonnage en blé et 10 pour cent; ayant à payer deux pour cent de commission à l'affréteur car, après avoir consulté les lettres que vous m'aviez écrites, déjà Dunkerque ne vous allait pas beaucoup. Anvers se trouvant plus au nord et étant une rivière qui glace quelquefois, j'ai eu peur de retrouver l'apparition de Terre-Neuve. Du reste, dans une lettre, vous me disiez que cela vous paraissait avantageux car je pourrais au Havre trouver un fret pour prendre du charbon à Cardiff pour quelque port de l'Océan [30].
Tout l'équipage se porte bien.
J'ai l'honneur d'être votre tout dévoué.

– Marseille, le 12 novembre 1853
À M. Derays

J'ai reçu votre lettre du 8 novembre ainsi que celle du 7 du même mois. J'ai fretté le navire pour Le Havre comme je vous l'ai annoncé. Mais je n'ai rien réservé car Monsieur Hamonet m'avait dit que vous l'aviez prié de voir pour le prix du vin ainsi que de l'eau-de-vie et, qu'en vous les donnant, il vous avait dit qu'en Angleterre cela n'aurait pas été possible. Or, comme je dois après le voyage du Havre y aller aussi, il pourrait, à l'arrivée, y avoir des difficultés. Cependant, la *Reine des Anges* [31] qui est partie pour faire

30. Entre 1848 et 1853, la majorité des morutiers du quartier de Saint-Brieuc revenaient directement à Saint-Brieuc avec, le plus souvent, du sel mais aussi parfois du vin de l'huile et du savon. Cependant, 30 % des frets de retour, essentiellement du vin et des céréales, étaient encore à destination du Havre. Quant au port de Dunkerque, 20 % des morutiers y passaient avant de rentrer en Bretagne, après y avoir livré du vin, du sel et parfois divers minerais et du soufre de Méditerranée.
31. Le *Reine des Anges* est un trois-mâts morutier de Dahouët qui appartient à un autre armateur de Pléneuf: Jean-Pierre Le Péchon. Il est parti à Oran prendre une cargaison de céréales pour Dunkerque.

un voyage dans la Méditerranée et qui ensuite doit revenir ici, pourra les prendre[32].

Je vais être obligé d'acheter ici du vin et de l'eau-de-vie pour l'équipage. Ma déclaration de retour est faite. Quant au beurre et au lard, quand j'ai parlé au courtier pour en rembourser la prime, il m'a dit que toutes ces provisions étant portées sur le permis de provision, on n'en avait plus besoin. Cependant, je tâcherai de les rembourser.

Pour l'argent que vous me dites qu'il faut demander au chargeur[33], il aurait fallu auparavant que cela soit stipulé dans la charte-partie. Aussi je vous prie de m'envoyer de l'argent ou une lettre de crédit à moins que j'en prenne chez le courtier : dans ce cas, je ne sais pas quel intérêt il me demandera. Je ne puis pas savoir à combien toutes les dépenses pourraient monter. Aussi, je vous prie de m'envoyer plus d'argent que moins afin qu'il m'en reste en cas de relâche[34].

Tout l'équipage se porte bien.

J'ai l'honneur d'être votre tout dévoué.

– Marseille, le 17 novembre 1853

À M. Derays

Je reçois à l'instant votre lettre dans laquelle vous me faites des reproches sur mon affrètement. Vous me dites que l'année dernière… avait fretté à 25 francs mais c'était pour Dunkerque où vous ne paraissiez pas vous soucier que j'aille, ainsi qu'aux nouveaux salins d'Hyères endroit où (le fromentais)

---

32. Lors de la campagne précédente, Jean François Hamonet a commandé le *Saint-Brieuc* et est passé par Marseille où il s'est renseigné sur les prix des vins et alcools et sur les possibilités d'exportation en Angleterre. Mathieu Rubin de Rays a probablement demandé que le *Saint-Brieuc* ramène du vin et des alcools à Dahouët. Cependant, Joseph Conan n'a rien fait car le voyage prévu en Angleterre ne le permet pas puisque les contrôles sur les importations d'alcools sont sévères. Mais la *Reine des Anges* qui, après son passage à Marseille doit aller à Dahouët, sans passer par un port anglais, pourra s'en charger.

33. Le terme de « chargeur » utilisé dans cette lettre induit un doute. S'agit-il d'un quelconque chargeur de la place de Marseille ou de l'affréteur dont il a été question dans les lettres précédentes ? En principe, un affréteur loue un navire entier pour le charger de marchandises tandis qu'un chargeur paie simplement des droits pour faire transporter des marchandises qui ne constituent qu'une partie de la cargaison. Dans cette lettre comme dans certaines autres, il semble que Joseph Conan ne fasse pas clairement la distinction.

34. Ce terme correspond à une escale imprévue et imposée par des circonstances exceptionnelles comme, par exemple, une avarie.

charge à (38) francs (sec) ayant à payer la commission d'usage. Quant à mon affrètement ainsi que ma vente de morue, j'ai eu un meilleur prix que ceux qui avaient vendu et affrété avant moi. Je vous prierai de regarder votre lettre en date du vingt octobre et d'y voir ce que vous me disiez : cette lettre n'a pas été contredite par d'autres. Avant mon affrètement, je vais m'occuper pour prendre les provisions que vous me demandez et, aussitôt que je l'aurai fait, je vous l'écrirai. Quant au courtier du Havre, je serai toujours obligé d'en prendre un quoique connaissant le nom du réclamateur[35] du chargement.

Notre chargement va de l'avant et je pense partir la semaine prochaine dans les premiers jours.

J'attends une lettre de vous avec de l'argent ou le nom d'un commissionnaire pour en prendre.

Tout l'équipage se porte bien.

J'ai l'honneur d'être votre tout dévoué.

– Marseille, le 18 novembre 1853

À M. Derays

J'ai été voir le marchand qui a vendu du vin à Monsieur Hamonet mais il m'a dit que, les prix du vin ayant augmenté, il ne pouvait plus me le donner à moins de 65 francs. J'ai vu plusieurs autres capitaines qui ont payé 66 francs. Dans tous les cas, je serai obligé d'en acheter pour le voyage car je n'ai plus de boisson. Quant à la provision pour Terre-Neuve, comme vous me dites : « si vous trouviez une légère différence pour le prix du vin, vous prendriez également », et qu'il m'est impossible d'apprécier quelle est cette légère différence et que la moindre différence que j'ai trouvée est déjà de 10 francs, je m'abstiendrai de faire les provisions en vins et eaux-de-vie.

Tout l'équipage se porte bien.

J'ai l'honneur d'être votre tout dévoué.

– Marseille, le 22 novembre 1853

À M. Derays

Nous avons trente jours de planche[36] pour charger et décharger. Je pense que nous finirons de charger demain. Quant à l'argent, il m'était impossible

35. Il s'agit du négociant à qui sera vendue la cargaison au Havre.

36. La « planche » correspond au temps accordé aux capitaines par les autorités portuaires pour le déchargement et le chargement des navires. Le terme de planche correspond à la passerelle qui est placée durant cette période entre le navire et le quai.

de vous fixer la somme. J'ai été voir le courtier afin de lui en demander et il m'a dit qu'il m'aurait donné les fonds dont j'avais besoin.

Je joins dans ce pli les pièces pour la prime à savoir le passavant[37] de sel, le duplicata du certificat de prime et la déclaration de retour. Je joins aussi les noms des hommes et leurs prix (nous sommes entrés à Porto le 20 septembre jour où les hommes ont dû commencer à gagner[38]) ainsi que la note des objets laissés à Terre-Neuve.

Nous aurons besoin, comme vous le savez, d'une chaloupe pour le navire car, l'année dernière déjà, elle était en mauvais état, et d'au moins deux bateaux : un petit pour capelanier de vingt-cinq à vingt-six pieds et un grand de vingt-sept à vingt-huit pieds. Le maître de senne a dû, en plus, vous demander un bateau de senne pour lui[39]. Il faudra que vous embarquiez l'année prochaine plusieurs pieds d'orme afin de pouvoir débiter de la planche à Terre-Neuve pour réparer les bateaux car ils sont à peu près tous en mauvais état et ont grand besoin d'être rebordés.

Je suis depuis plusieurs jours pour le remboursement de la prime. Je prendrai les 250 kg de liège que vous demandez et les boutis[40] qu'il faut seulement pour vous.

Tout l'équipage est bien.

J'ai l'honneur d'être votre tout dévoué.

– Marseille, le 25 novembre 1853

À M. Derays

J'ai reçu votre lettre en date du 21 novembre. Je vois que nos lettres se sont croisées. J'ai pris chez les courtiers l'argent comme vous me l'aviez dit et j'ai signé un billet qui se monte à mille six cents trente-huit francs soixante centimes qui, suivant vos ordres, doit être payable à présentation. Nous avons fini de charger, le navire est expédié et je dois partir demain

---

37. Document officiel autorisant la circulation d'une marchandise.

38. Généralement, les équipages étaient payés au fixe et au pourcentage de la pêche. Ils étaient payés au mois à partir du moment où le navire avait touché le port de vente de la morue en Méditerranée. Parfois, on comptait à partir du passage de Gibraltar. Ici, c'est à partir de Porto où devait avoir lieu la vente de morue.

39. À noter la distinction qui est faite entre chaloupe et bateau. La chaloupe dont il est question ici est certainement une chaloupe de service du *Saint-Brieuc*. Les deux bateaux sont destinés à la pêche : un pour la ligne et un pour la pêche à la senne à capelans. Le plus grand, le bateau de senne a été commandé à part.

40. C'est une sorte de broderie, spécialité de Marseille : des étoffes de coton sont assemblées par des motifs brodés.

matin si le temps est propice. Nous faisons environ dix milles six cents vingt-deux francs de fret.

Tout l'équipage est bien portant.

J'ai l'honneur d'être votre tout dévoué.

– Le Havre, le 3 janvier 1854

À M. Derays

J'ai l'honneur de vous annoncer mon arrivée au Havre. Nous sommes partis de Marseille le 28 novembre n'ayant pu partir, comme je le présumais, à cause du mauvais temps. Nous avons eu une traversée excessivement dure : nous avons été presque continuellement les huniers au bas ris et en cape[41]. Enfin, nous sommes arrivés le premier janvier en vue des feux de la Hève[42] où nous avons passé une très mauvaise nuit. Dans la traversée, la cuisine a été démolie par la mer. Je vous prie de me dire ce que vous comptez faire du navire. Le réclamateur du chargement est connu et l'on m'a donné l'espoir que je ne ferai pas ma planche.

Tout l'équipage est bien portant.

J'ai l'honneur d'être votre tout dévoué.

– Le Havre, le 11 janvier 1854

À M. Derays

J'ai reçu votre lettre en date du six janvier dans laquelle se trouvait la charte-partie[43] pour le voyage que nous devons faire. C'est dans cette lettre que j'ai vu que je devais en avoir une autre car, quoique allant à la poste tous les jours, elle ne m'avait pas été remise.

En ce qui concerne les navires qui sont partis d'ici pour faire un voyage, les hommes ont eu une augmentation de salaire après l'avoir réclamée au Commissaire. Je ne sais si l'équipage du *Saint-Brieuc* demande cette augmentation.

41. Il a fallu carguer des voiles et gréer une ou plusieurs petites voiles très solides : les voiles de cape.

42. Le cap de la Hève se situe à la pointe ouest de la Seine-Maritime, à proximité du Havre.

43. Le terme de « charte-partie » peut porter à confusion car il a deux significations différentes. Dans un cas, il concerne le contrat de louage d'un navire pour un fret par exemple. Dans un autre cas, il s'agit du contrat d'engagement entre marins et armateur ou l'acte qui en énumère les conditions. Ici il n'est pas possible de savoir à quelle sorte de charte-partie nous avons affaire.

Nous avons commencé à décharger lundi et cela va assez bien. Je pense finir de décharger dans le courant de la semaine prochaine.

Nous faisons refaire notre cuisine car, comme je vous l'avais dit, elle avait été toute démolie par la mer. Je pense que nous n'aurons pas beaucoup d'avaries dans notre chargement. Je vais faire au navire les réparations indispensables, selon vos ordres.

Quant au lest, il est impossible d'en trouver à transborder attendu que tous les navires y viennent chargés et s'en retournent presque tous sur lest. Notre planche n'a pu compter que du 6, jour où nous avons pu mettre à quai.

Tout l'équipage se porte bien.

J'ai l'honneur d'être votre tout dévoué.

– Le Havre, le 15 janvier 1854

À M. Derays

J'ai bien reçu votre lettre dans laquelle vous me donnez les instructions pour vous faire passer l'argent du fret ce que je suivrai autant qu'il me sera possible.

Je crois comme vous qu'il sera très avantageux de prendre des bateaux là-bas[44]. Toutefois, s'ils sont bons, je vous dirais de prendre un bateau de plus car l'armement est très mauvais état en fait de bateaux. Même, l'année dernière, on a refusé d'embarquer. Quoi qu'il en soit, il nous faudra toujours quelques pieds d'orme que nous scierons à Terre-Neuve pour réparer les bateaux. De crainte d'avoir quelque discussion, il faudra nous entendre d'abord avec les armateurs de ces navires car le prud'homme ne peut vendre ces bateaux à l'amiable de sa propre autorité : ils doivent être vendus à l'encan[45]. Pour les rets à hareng[46], il nous en faudrait deux neufs et de quoi en faire une pendant la traversée en allant car, le hareng étant très rare, il

44. Serait-ce au Légué ou à Saint-Malo où les navires de Rubin de Rays ont été construits ? Il se pourrait cependant que l'armateur ait proposé de faire l'achat de ces bateaux à Terre-Neuve. En effet, Joseph Conan évoque le « prud'homme ». Or, à cette époque, dans chaque baie de Terre-Neuve, on désignait un capitaine prud'homme qui était le plus souvent le plus âgé des capitaines. Moyennant quelques compensations, il était chargé de fonctions provisoires : administratives, juridiques et de police de pêche.

45. Aux enchères.

46. Durant la deuxième période de pêche, vers la mi-août, la pêche avec les bateaux de senne est terminée. Les capelans sont également moins abondants. Les capelaniers utilisent alors des rets pour pêcher de harengs qui serviront d'appâts pour les pêcheurs à la ligne.

faudrait en avoir beaucoup. Je vous demanderais des lignes de harouelles[47], choses que vous trouverez à bon compte, soit à Saint-Malo soit au Légué, en prenant des lignes du banc qui ont déjà servi mais malgré cela encore très bonnes. Il les faudrait en 15 ou 18 fils. Pour les clous, il me faudrait:

1 manne de clous de 8 pouces
2 mannes de clous de 7
2 mannes de clous de 6
1 manne de clous de 5 ½
2 mannes de clous de 5
3 mannes de clous de 4
1 manne de clous de3
2 mannes de clous de 2 ½
½ manne de clous de 2

Notre chargement avance toujours. Je pense devoir finir de décharger dans les premiers jours de la semaine.

– Le Havre, le 21 janvier 1854

À M. Derays

Je reçois votre lettre en date du 18 janvier et je m'empresse d'y répondre. Je n'ai pas eu encore connaissance qu'aucun matelot étant à bord des navires ait été levé ni que l'on ait envoyé des bulletins des ports d'armement pour les lever[48]. Ce matin, j'ai vu un capitaine qui a été prendre son rôle. On ne lui a fait aucune difficulté pour le lui donner et on ne lui a même rien dit de particulier. Les deux hommes que vous me citez ont pu avoir chez eux des bulletins parce qu'on les y croyait. Il est d'ailleurs arrivé plusieurs fois à des hommes d'en recevoir deux ou trois chez eux pendant leur absence: on ne les envoyait pas pour autant dans les pays où ils se trouvaient. Il me semble que dans notre quartier on trouverait assez de monde sans désarmer les navires du pays dans les autres ports. Car enfin, nous ne sommes à bord que quatre qui ne pouvons être levés: le mousse Mathieu Crolais, Jean Couzan, Monsieur Guinard et moi.

Je ne pourrai me faire expédier, comme vous me le dites, dans cette circonstance exceptionnelle, car il serait évident que ce serait pour frustrer

47. Les harouelles ou lignes de harouelles sont des lignes de fond.

48. La guerre de Crimée ne sera officiellement déclarée que le 24 mars. Mais, après la destruction de la flotte turque par les Russes à Sinope en novembre 1853, Français et Britanniques ont décidé d'envoyer une flotte en Mer Noire. Les inscrits maritimes risquent d'être levés.

la loi. J'ai déjà fait cette chose cette année en partant de Porto : je me suis fait expédier pour Alicante et je me suis rendu à Gênes. Mais ce n'était pas la même chose ; il y avait seulement affaire de commerce[49].

Aussitôt que nous aurons (commencé)… j'irai chercher mon rôle car, une fois qu'il sera à bord, je serai tranquille de ce côté-là. Mais enfin, si je suis forcé, je demanderai au Commissaire la permission d'aller dans la rade de Paimpol avec mon équipage en lui disant que je changerai les hommes avec d'autres que vous devrez m'envoyer dans cet endroit car, ici, les matelots sont chers et on n'en trouve pas, bien qu'on les paye de 60 à 70 francs par mois.

Je pense que nous finirons de décharger ce soir et que nous pourrons disposer demain pour prendre du lest lundi. Nous avons été plusieurs jours cette semaine sans travailler au déchargement ce qui est la cause du retard qui nous arrive attendu que le négociant avait d'autres navires à décharger lesquels navires étaient en surestarie[50] qu'il fallait payer au lieu que notre planche n'est pas finie.

J'ai fait votre commission à Gautier de Pléneuf.

Tout l'équipage se porte bien.

J'ai l'honneur d'être votre tout dévoué.

– Le Havre, le 24 janvier 1854

À M. Derays

J'ai reçu votre lettre en date du 21 janvier dans laquelle vous me demandez mon avis sur les hommes que vous retirez du service. Ces hommes sont très bons mais, comme vous devez en retirer sept et qu'il n'y aura que trois de mon équipage et que je pense en avoir quatre, vous feriez bien, je crois, de demander soit (Tréville, Tranchant, Lebreton fils ou Le Fol fils). Comme je vous le disais dans ma dernière lettre, ceux qui ont pris leur rôle n'ont encore eu personne d'arrêté.

Nous avons fini, à peine et à mal à faire enlever du bord ce matin la fin de notre chargement et nous lestons autant que nous pouvons. Nous avons eu beaucoup d'avaries dans le fond de la cale causées par l'humidité mais nous sommes en règle pour cela.

J'ai annoncé la bonne nouvelle aux hommes que vous avez demandés à la marine.

---

49. Nous ne savons pas précisément ce qu'a suggéré Rubin de Rays pour éviter la levée de ses marins. Il semblerait qu'il se soit agi de frauder sur la destination d'expédition.
50. Quand la durée de la planche est dépassée, la surestarie commence : durée pour laquelle l'armateur doit payer une indemnité aux autorités portuaires.

Tout l'équipage se porte bien.
J'ai l'honneur d'être votre tout dévoué.

– Le Havre, le 29 janvier 1854
À M. Derays

J'ai reçu votre lettre en date du 22 janvier dans laquelle vous me dites que je ne vous ai pas donné de nouvelles pour la levée des hommes. Cependant, vous me répondez sur ce que je disais.

Je n'ai pas été au bureau prendre ces renseignements parce que cela aurait attiré l'attention du Commissaire sur le navire. Mais j'avais vu les autres qui avaient pris leurs rôles. Quand donc j'ai été pris, j'ai fait comme les autres : j'ai été à l'ouverture du bureau le matin et on m'a délivré mon rôle sans la moindre observation. Avant que le commissaire ne soit arrivé, nous avons été expédiés partout.

Je vous envoie sept milles cinq cents francs en billets sur Paris. Il y en aura un, comme vous me l'aviez dit de sept cents francs.

Tout l'équipage se porte bien.
J'ai l'honneur d'être votre tout dévoué.

– Le Havre, le 2 février 1854
À M. Derays

Nous sommes toujours au Havre, retenus par le vent debout, et je ne sais quand cela finira. Aussi, je crois que quand les vents viendront de manière à ce que, une fois dehors, nous ayons une bordée qui allongera un peu du côté de notre destination, je prendrai le bateau avec (peur) pour sortir attendu qu'il reste peu de temps avant l'époque du départ à la pêche et que les conditions peuvent encore être très contraires. Plusieurs navires sont dans le même cas que nous, allant dans le même endroit. Comme nous devons charger à tour de rôle, il serait bon d'être rendus avant eux.

Tout l'équipage se porte bien.
J'ai l'honneur d'être votre tout dévoué.

– Rade de Cardiff, le 6 février 1854
À M. Derays

Je vous écris pour vous annoncer notre arrivée. Nous sommes partis du Havre le 2 après-midi. Je vous ai écrit le matin : le temps n'avait par l'air de vouloir changer. Une fois que j'ai eu pris mes lettres à la poste, je fus faire un tour sur la jetée pour voir le temps. En m'en revenant, j'ai senti une petite fraîcheur des vents de la partie du sud. Aussitôt, j'ai été à bord et, comme c'était l'instant de la marée, nous sommes partis aussitôt.

Nous avons eu une traversée très heureuse et courte. Nous avons mouillé sur cette rade hier après-midi. J'ai été aujourd'hui à terre voir le consul français auquel j'ai fait vos compliments comme vous me l'aviez dit. Nous sommes allés trouver le négociant qui doit nous charger et il nous a répondu qu'il nous chargerait aussitôt que nous serions disposés. Nous devons entrer demain dans le bassin, chose qui, je crois, n'est pas sûre car il y a beaucoup de navires qui sont sur rade en attendant d'entrer.

Tout l'équipage est bien.

J'ai l'honneur d'être votre tout dévoué.

– Cardiff, le 13 février 1854

À M. Derays

J'ai reçu votre lettre qui était adressée au Havre dans laquelle vous me dites que, chez vous, il y avait des vents de la partie sud et du sud-est que nous n'avions pas au Havre. Plusieurs navires qui étaient partis auparavant que nous fussions lestés ont été obligés de relâcher en Angleterre : ils faisaient la même route que nous pour sortir de la Manche.

Nous sommes entrés dans le port mercredi, nous avons délesté vendredi et samedi et nous devons commencer à charger aujourd'hui dans l'après-midi. Je pense ne pas être longtemps à charger et, aussitôt que je l'aurai fait, je partirai si cela m'est possible car, croyez-le bien, je ne passe pas plus longtemps dans les ports qu'il n'en faudrait pour faire vos affaires.

Je vous prie de m'écrire de bonne heure à Nantes en me disant comment il faudra faire car il me sera impossible de monter dans ce port, le navire chargé comme il est : il câblera treize pieds passés d'après ce que m'ont dit ici tous les capitaines du pays.

Tout le monde se porte bien.

J'ai l'honneur d'être votre tout dévoué.

– Cardiff, le 16 février 1854

À M. Derays

J'ai l'honneur de vous annoncer mon départ de Cardiff. Nous avons fini de charger hier à midi. Je me suis fait expédier dans l'après-midi : cela a été fini vers huit heures du soir. N'ayant pas, au Havre, pris assez d'argent anglais pour ce qu'il me fallait, j'ai fait une traite sur vous de dix livres sterling à 17 jours de date afin que vous ne soyez pas pressé d'après ce que m'a dit Monsieur Richard Davis.

Je n'ai plus reçu de lettre de vous que celle qui m'est venue du Havre. Aussi, j'espère, à mon arrivée à Nantes, en trouver une de vous me donnant des instructions sur ce que je dois faire, tant pour le déchargement que pour la rivière, car il est impossible que le navire monte sans alléger. Tirant treize pieds trois pouces, nous avons à bord environ trois cents quarante-neuf tonneaux[51].

Tout l'équipage est bien.

J'ai l'honneur d'être votre tout dévoué.

– Nantes, le 11 mars 1854

À M. Derays

J'ai l'honneur de vous annoncer mon arrivée à Paimboeuf où nous sommes obligés d'alléger car le navire tire treize pieds d'eau et ne peut monter que dix et demi. Je suis monté par le bateau à vapeur afin de voir le négociant pour la marchandise. Il me fait espérer qu'il ne sera pas long à nous décharger.

On prend beaucoup de monde pour le service et l'on désarme même des navires. Je n'ai pas reçu de lettre de vous, ni ici ni à Cardiff. Je vous demanderai ce que vous comptez faire du navire : si je dois prendre du lest et aller au Croisic prendre du sel ou m'en retourner directement. Je vous prie de me donner des ordres en conséquence.

Je vais descendre à Paimboeuf afin de fretter une ou deux gabarres[52] pour accélérer le plus possible le déchargement.

---

51. Trois cent quarante-neuf tonneaux de charbon, cela peut surprendre sachant que le navire jauge 217 tonneaux. il peut y avoir confusion entre jauge brute et jauge nette. En ce qui concerne le *Saint-Brieuc*, il ne fait pas de doute que les 217 tonneaux correspondent à la jauge brute. Les 349 tonneaux indiqués correspondent à la jauge nette ou jauge d'affrètement. Un tonneau de jauge nette équivaut à 1,44 m^3, c'est-à-dire à peu près la moitié d'un tonneau de jauge brute. Très grossièrement, le *Saint-Brieuc* pourrait, en principe, transporter 440 tonneaux de marchandises. Mais, c'est très théorique car il faut tenir compte de la densité moyenne de la marchandise qui est également un facteur limitant.

52. Voiliers de charge utilisés pour le transport de marchandises dans les ports, fleuves et estuaires.

Nous avons été très longtemps sur rade de Cardiff à attendre le temps convenable pour partir. Deux jours avant notre départ, il y a eu sept navires de perdus dans la Manche de Bristol.

Tout l'équipage est bien.

J'ai l'honneur d'être votre tout dévoué.

– Nantes, le 16 mars 1854

À M. Derays

J'ai l'honneur de vous annoncer mon arrivée à Nantes où nous nous sommes amarrés dans la nuit du 15 au 16. J'ai été hier porter mon rôle au bureau et l'on a d'abord voulu me prendre tout mon équipage en dehors de Monsieur Guinard, le second, qui a passé l'âge, de Jasson qui ne peut être levé n'étant que novice, du mousse et de moi-même. Je devais aujourd'hui présenter tous les autres au bureau. Je suis allé trouver le Commissaire en chef à qui j'ai montré votre lettre dans laquelle vous me disiez avoir droit à cinq hommes par ordre ministériel. Cependant, comme cet ordre n'est pas arrivé dans ce port, le Commissaire a ajourné tout l'équipage. Aussi, je vous prie d'aller au bureau prendre un double de cette ordonnance, timbré au bureau, et de me l'envoyer le plus promptement possible afin que, si l'on venait à me demander les hommes, je puisse la présenter au Commissaire moi-même. En effet, si vous l'envoyez au bureau, cela fera penser à nous et si nous pouvions être oubliés comme nous l'avons été au Havre, nous pourrions emmener tout notre monde. Ceci d'autant plus qu'ici, on a à peu près le contingent voulu.

J'ai été occupé par cela et par mes déclarations hier toute la journée de sorte que je n'ai pas pu voir pour le 3/6 [53] que vous m'aviez dit. J'ai trouvé plus d'avantages à monter à Nantes quoique, auparavant d'avoir reçu votre lettre, j'avais arrêté le vapeur. En ce qui concerne l'allègement, au lieu de me compter trois francs comme vous me le disiez, on ne me compte que deux francs vingt-cinq.

Vous me disiez que les négociants fournissaient de l'argent en Angleterre. Je n'en disconviens pas mais il faut que cela soit stipulé sur la charte-partie ; chose qui n'était pas faite dans la nôtre. Nous devons commencer à décharger aujourd'hui.

53. Il s'agit d'un *esprit*, c'est-à-dire d'un alcool titrant au moins 70°. Les appellations 3/5, 3/6, etc., correspondent à divers degrés alcooliques. On peut supposer que l'on a affaire ici à un 3/6 du Languedoc. C'est un *esprit* provenant de la distillation du vin et vendu au titre de 86°.

Tout l'équipage est bien.
J'ai l'honneur d'être votre tout dévoué.

– Nantes, le 17 mars 1854
À M. Derays

J'ai l'honneur de vous annoncer que ce matin on a délivré quatre bulletins à quatre hommes de l'équipage. Mais enfin, après toutes les réclamations que nous avons faites, par ordre du commissaire général, on nous a accordé tout le monde pour nous en retourner. Nous sommes deux navires dans le même cas. J'ai été cet après-midi au bureau avec les hommes pour rendre leurs feuilles de route et leurs conduites[54].

Je joins ici le compromis fait par moi-même pour l'engagement des hommes pour Terre-Neuve.

Nous déchargeons très lentement.

Tout l'équipage se porte bien.

J'ai l'honneur d'être votre tout dévoué.

– Nantes, le 22 mars 1854
À M. Derays

Nous continuons toujours à décharger mais cela ne va pas vite. Nous n'avons encore déchargé que nos gabarres et nous n'allons commencer que cet après-midi à décharger à bord du navire : cela ira un peu plus vite.

Pour le prix courant des boissons que vous me demandez : le prix du 3/6 dédoublé vaut cent quinze francs. Vous demanderez combien vous voulez que j'en prenne. D'habitude, pour le vin d'équipage, celui de l'année 1853 vaut trois cents quatre-vingts francs. On m'a dit que je n'aurai aucun droit à payer attendu que je ne consommais pas dans le pays.

Je fais tout mon possible pour activer le déchargement.

Tout l'équipage est bien.

J'ai l'honneur d'être votre tout dévoué.

---

54. La feuille de route est un document écrit provenant des autorités militaires qui indique au recruté où il doit se rendre. La conduite lui permet de rejoindre cet endroit sans rien débourser.

– Nantes, le 1er avril 1854

À M. Derays

Nous avons fini de décharger et nous avons livré 358 600 kg de charbon. Nous avons commencé à lester vendredi. Mais, quoique nous ne sommes pas entièrement lestés, nous serons obligés d'attendre la marée prochaine. J'ai été voir les pilotes qui m'ont dit qu'ils ne pouvaient pas se charger de nous descendre parce qu'il n'y avait pas d'eau.

J'ai demandé, suivant vos ordres, aux nommés Derlot et Barbedienne s'ils voulaient aller à Terre-Neuve dans les mêmes conditions que l'année dernière. Ils m'ont répondu qu'ils voulaient bien y aller mais pas aux mêmes conditions.

J'ai vu la quantité d'hameçons qui sont à bord. Nous avons :

Hameçons à faux	300
Hameçons à vette	600
Hameçons à ligne de main	200
Hameçons à ligne de bord	400 (qui sont à Terre-Neuve)

Vous savez que, l'année dernière, nous n'avions en fait d'hameçons que ceux qui étaient restés de l'année précédente et nous avons été obligé d'en fournir pour la *Marie Victoire*. J'ai mon rôle à bord.

Tout l'équipage est bien.

J'ai l'honneur d'être votre tout dévoué.

– Nantes, le 5 avril 1854

À M. Derays

J'ai reçu votre lettre du 3 courant dans laquelle vous me questionnez pour les hommes qui n'avaient pas voulu s'engager. Je leur ai demandé de nouveau et Barbedienne m'a dit qu'il voulait bien y aller pour le prix de l'année dernière mais Derlot ne veut pas y aller comme l'année dernière. En effet, on l'a fait, l'année dernière, mener un bateau. Par conséquent, il veut avoir le prix de maître de bateau ou ne pas faire ce service : dans ce dernier cas, il veut bien y aller au même prix que l'année dernière.

J'ai pris l'eau-de-vie que vous m'avez demandée mais elle est dans deux pièces car je n'ai pas de barriques assez bonnes pour la mettre : cela ne donne guère plus que les trois barriques.

Je vous envoie trois billets dont un de 220 francs n° 892 comme vous me l'avez demandé et deux de 2 000 francs portant les numéros 890 et 891.

Je ne sais quand nous pourrons commencer à dériver. Je pense que cela ne tardera pas beaucoup. Les eaux sont excessivement basses à cause de la grande sécheresse.

Tout l'équipage est bien.

J'ai l'honneur d'être votre tout dévoué.

– Bord du Saint-Brieuc, le 11 avril 1854

À M. Derays

Je vous écris par le pilote pour vous annoncer mon départ. Nous avons commencé à dériver le samedi. Nous avons longtemps attendu à cause du manque d'eau qui nous a forcé à faire plusieurs mouillages. Enfin, nous sommes arrivés à Saint-Nazaire ce matin où nous avons pris le pilote qui nous met dehors. Je pense que notre traversée ne sera pas longue. Si nous pouvions arriver pour la marée, cela serait très avantageux.

Tout l'équipage est bien.

J'ai l'honneur d'être votre tout dévoué.

Le Saint-Brieuc *arrive à Dahouët le 17 avril 1854.*

Mai 1854-avril 1855

Deuxième campagne de grande pêche et de cabotage

Le 3 mai, le navire va être expédié sur lest pour Terre-Neuve avec 67 hommes d'équipage. En plus du capitaine et le second Mathurin Guinard, le bateau transporte :

– le chirurgien Sébastien Le Moniet ;
– deux lieutenants ;
– deux maîtres charpentiers, un maître voilier et un maître tonnelier ;
– un calfat, un voilier et un tonnelier ;
– trois maîtres de senne, deux avants de senne et douze senneurs ;
– huit maîtres de bateaux, six avants de bateaux et neuf banquiers ;
– un maître capelanier et deux capelaniers ;
– huit novices et quatre mousses non spécialisés.

Les salaires qui seront versés à chacun pour cette nouvelle campagne à Terre-Neuve seront, à quelques détails près, identiques à ceux de la précédente.

Seulement trois semaines se sont écoulées entre le départ de Saint-Nazaire et le départ de Portrieux pour Terre-Neuve. Entre-temps, il a fallu faire les équipages définitifs, vérifier l'état du navire, le charger et faire toutes les démarches administratives pour expédier. Le départ est tardif.

– Bord du Saint-Brieuc, le 4 mai 1854

À M. Derays

J'ai l'honneur de vous annoncer mon départ. Nous sommes partis de l'avant-port de Binic [1] le lendemain de vous après avoir débarqué les deux hommes (convenus) et le coffre de celui qui a été arrêté par la gendar-

1. Binic est sur la route de Terre-Neuve de même que Portrieux.

merie[2]. Le gendarme de la marine est venu le prendre à bord et nous l'avons transporté dans une maison ainsi que son paillot afin que le tout soit envoyé au bureau de la marine à Saint-Brieuc. Le temps étant devenu calme, une fois dehors nous avons mouillé dans la rade de Portrieux d'où nous sommes partis le matin à 2 heures et demie.

Tous les hommes sont à bord. J'ai donné des bons de pilotage aux deux pilotes qui nous ont mis dehors.

Tout l'équipage est bien.

J'ai l'honneur d'être votre tout dévoué.

– Havre des Griguets, le 2 juillet 1854

À M. Derays

Je profite de l'occasion du navire de la station qui se trouve au Kerpon[3] pour vous annoncer que nous sommes arrivés à Terre-Neuve le 7 juin après une traversée de vent debout et de calme ce qui fait qu'elle a été très longue. Nous sommes arrivés les premiers. La *Reine des Anges* qui était arrivée plus tôt de deux jours a été obligée de mouiller dans un havre plus éloigné que le nôtre car elle ne pouvait entrer dans le sien à cause des glaces. Notre havre, la veille de notre arrivée, n'était pas encore dégagé. Nous avons trouvé beaucoup de grosses glaces à une très grande distance de la terre mais, quand nous avons approché de la terre, nous n'avons trouvé que quelques petits glaçons qui étaient assez clairsemés.

Aussitôt arrivés, nous avons pris nos dispositions pour la pêche et pour réparer l'habitation que nous avons trouvée en très mauvais état. J'ai, en allant à Saint-Antoine[4] pour prendre la senne, été au petit Bréhat où j'ai aussi trouvé l'habitation en très mauvais état. J'ai envoyé la réparer et j'y ai laissé le gardien selon vos ordres. Je compte, à la fin de la pêche (quand on vendra l'armement), acheter un couple de bateaux.

Nous avons mis en pêche le 12 juin mais, je ne sais si c'est bon ou mauvais signe, on ne prend plus rien. Nous avons eu en tout 23000 morues ce qui nous donne à peu près 150 quintaux. Cependant, tout le monde dit que, le poisson venant tard, il doit y en avoir une plus grande quantité. L'officier de la station qui est venu nous visiter nous a engagé à aller à

2. Le novice Jean Marie est arrêté et emprisonné sans doute pour avoir voulu éviter le recrutement.

3. Kerpon ou Quirpon est une petite île située juste au nord des Griguets.

4. Le cap Saint-Antoine et la baie de Saint-Antoine se trouvent un peu au sud des Bréhats.

Belle-Île[5] aussi, je compte y envoyer. Nous sommes à réparer le gréement en attendant la morue.

Tout le monde se porte bien.

J'ai l'honneur d'être votre tout dévoué.

– Havre des Griguets, le 24 juillet 1854

À M. Derays

Je profite de l'occasion d'un navire qui part pour Granville pour vous donner des nouvelles de notre pêche qui est très misérable. Nous avons eu à peu près cent quinze mille morues ce qui nous fait environ huit cents quintaux. Dans ma dernière lettre je vous disais que j'espérais dans Belle-Île car on nous avait fait espérer de pouvoir y aller vu l'accord de l'ensemble des gouvernements. Mais cela est impossible attendu qu'il y a des hommes qui campent sur cette île pour empêcher d'y pêcher[6]. Enfin, depuis deux jours, nous avons pris quelques morues et si cela pouvait continuer nous pourrions peut-être nous relever un peu.

L'autre jour, dans la nuit du 21 au 22, dans un coup de mauvais temps, nous avons perdu un des bateaux que nous avions apportés l'année passée avec tous ses agrès mais, fort heureusement, personne n'a eu de mal. Il y a eu à cause de ce mauvais temps treize bateaux disparus mais aucun homme.

Nous avons plusieurs hommes exempts de service soit à cause de quelque petite blessure ou de quelque faible indisposition pas dangereuse. Du reste, on est bien portant.

Je préfère porter tous les objets qui sont au chauffaud de la *Marie-Victoire* à notre habitation moins les bateaux. L'année prochaine en effet, comme

5. Il y a deux îles homonymes au large du nord de Terre-Neuve. L'une, au nord, garde l'entrée du détroit de Belle-Île entre Terre-Neuve et le Labrador. L'autre, au sud, est plus proche de la côte. Quelle que soit l'île, la sortie proposée est un exemple d'expédition « en dégrat ». Lors d'une expédition en « dégrat », les chaloupes allaient pratiquer la pêche en dehors des havres dont leurs navires étaient concessionnaires à condition, bien sûr, de rester dans les limites du « french shore ». Les règlements internes accordaient, en outre, à tous les équipages le droit de pêche dans tous les havres occupés ou non et au large. En pratique, sauf nécessité, les bateaux s'éloignaient assez peu de leurs havres.

6. Probablement des Britanniques habitant de Terre-Neuve qui bravent les accords entre la France et la Grande-Bretagne.

vous devez le savoir, nous n'aurons plus droit, selon le règlement, à cette habitation[7]. À moins que vous ne l'ayez au tirage partiel prochain.

J'ai l'honneur d'être votre tout dévoué.

– Havre des Griguets, le 18 août 1854

À M. Derays

Je profite de l'occasion d'un navire qui part pour Granville pour vous donner à peu près le résultat de notre pêche. On peut en effet dire aujourd'hui à peu près ce que nous aurons car nous ne prenons plus de morues depuis trois jours. Cependant, nous avons dix bateaux en pêche[8]. Je vais encore les tenir quelques jours pour voir si la morue va revenir car il est beaucoup trop tôt pour finir la pêche, surtout dans une aussi pauvre année. Nous avons environ 185 milles morues et nous avons 22 barriques d'huile de faites ce qui fait que nous aurons à peu près la même quantité d'huile que l'année dernière. En ce qui concerne la morue, nous n'en aurons pas un aussi grand nombre mais nous pourrons approcher du poids de l'année dernière.

J'ai été l'autre jour au Petit Bréhat. Tout est en assez bon état mais le gardien[9] m'a dit que, s'il n'avait pas été là, l'habitation aurait été encore plus dévastée. Je ne sais si nous n'avons pas travaillé pour les autres.

Tout l'équipage est bien ;

J'ai l'honneur d'être votre tout dévoué.

7. Les havres, les chauffauds et les habitations annexes ne sont plus occupés par les premiers navires arrivés à Terre-Neuve. Durant les époques anciennes quand c'était le cas, cela avait évidemment provoqué des conflits graves entre pêcheurs. Depuis longtemps déjà, pour éviter des affrontements, les havres et chauffauds sont attribués par tirages au sort avant les campagnes de pêche lors de réunions quinquennales à Saint-Malo. En présence du directeur de l'Inscription maritime, les armateurs des quartiers de Saint-Brieuc et de Saint-Malo ou leurs représentants se réunissent et lorsque le nom d'un de leurs navires est tiré au sort, ils choisissent pour lui un emplacement parmi ceux qui sont restés libres. Plus tard, un bulletin d'attribution leur est remis. Ces attributions ne sont donc évidemment pas définitives. Elles sont valables jusqu'aux nouveaux tirages qui auront lieu cinq ans après.

8. Nous sommes dans la deuxième partie du mois d'août, la pêche avec les bateaux de sennes est terminée. Les bateaux qui sont encore mer pratiquent, pour la morue, la pêche à la ligne de main.

9. Nous ne savons pas qui est le gardien du petit Bréhat. À cette époque, en dehors des saisons de pêche, c'étaient souvent des autochtones d'origine britannique qui se chargeaient de garder chauffauds et cabanes annexes.

Nous ne savons pas précisément quand le navire est parti pour la France. Son départ a dû avoir lieu durant la première quinzaine du mois d'octobre. Il n'y a pas de passage en ressac[10]. *La* Marie-Victoire *qui, les années précédentes allait aussi à Terre-Neuve, n'a pas été cette année expédiée à la grande pêche. À cause des difficultés de recrutement, Rubin de Rays a décidé de lui faire prolonger sa campagne commerciale au cabotage. Le* Saint-Brieuc *sera donc dans l'obligation de ramener à Dahouët l'ensemble des hommes qu'il a amenés ainsi que le produit de la pêche. Et il ne livrera pas directement la morue en Méditerranée.*

Le navire arrive à Dahouët le 5 octobre 1854 et est désarmé à Saint-Brieuc le lendemain. Une petite partie de la cargaison de morues est déchargée sur place. Le reste est destiné à être vendu ailleurs à des prix si possible plus élevés.

Le 18 octobre, le Saint-Brieuc *est réarmé au cabotage. Il repart pour La Rochelle avec une cargaison de morues et un équipage réduit et mensualisé :*

– Joseph Conan : 120 francs ;

– les frères Mathurin et Joseph Guinard sont respectivement second et lieutenant : 70 et 60 francs ;

– Julien Briend est maître d'équipage : 40 francs ;

– Mathurin Gaultier, Auguste Javanan, Jean Lécuyer, Mathurin Oliviéro, Jean Derlot et Joseph-Marie Barbedienne sont matelots : ils gagnent entre 32 et 35 francs ;

– Louis Cornillet, Mathieu Crolais et François Gaillard sont novices : entre 20 et 22 francs ;

– Jean-Marie Lorand est mousse : 15 francs.

Le Saint-Brieuc *est officiellement armé pour Marseille. Le navire devra être de retour pour la prochaine campagne de pêche à Terre-Neuve. Et en effet, le rôle précise que : « l'équipage s'engage à suivre la destination du navire jusqu'à sa rentrée au port d'armement. S'il n'était pas rentré le 1er mars 1855 pour prendre armement pour Terre-Neuve, les salaires augmenteront comme il est dit*[11] ».

– Port de La Rochelle, le 5 novembre 1854

À M. Derays

J'ai l'honneur de vous annoncer mon arrivée sur la rade de l'Île de Ré où nous avons mouillé hier samedi dans la journée. Aussitôt après, j'ai débar-

10. Passage en ressac : transbordement d'un marin d'un navire à un autre. Il concerne le plus souvent les pêcheurs qui vont rejoindre directement la Bretagne à la fin de la campagne (sans passer par la Méditerranée).

11. Et effectivement, ils auront une augmentation importante à partir de cette date de 25 % à 30 %.

qué à Saint-Martin afin de prendre le bateau à vapeur pour me rendre à La Rochelle où je suis arrivé vers les six heures du soir. Quoique c'était tard, j'ai vu dans la soirée le courtier et Monsieur Michel [12] ainsi que le courtier de la morue. Monsieur Michel ne pense pas pouvoir vendre toute la morue au déchargement mais il m'a dit qu'il vous assure pour prix de la cargaison vingt-trois francs cinquante centimes par cinquante-deux kilogrammes [13] tous les frais de démagasinage à son compte. La condition est que s'il vend la morue plus cher que vingt trois francs cinquante centimes, il partagera les bénéfices en plus de moitié avec vous en tenant compte, bien entendu, de sa commission. S'il vendait à moins cher, il en supporterait seul la perte de sorte que vous serez toujours assuré du prix de vingt-trois francs cinquante centimes. Le courtier de morue doit nous envoyer ce soir par la voiture le prix exact du fret qu'il doit pouvoir nous donner. Si ce prix me convient, j'entre demain dans le port. Les frets ont beaucoup diminué vu la cherté des grains mais je crois qu'en vendant à ce prix qui n'est pas trop mauvais et, ayant au moins vingt-quatre francs par tonneau, cela vaudra mieux que d'aller à Gênes où nous devrions aller dans l'autre cas.

Tout l'équipage est bien.

J'ai l'honneur d'être votre tout dévoué.

– Port de La Rochelle, le 6 novembre 1854

À M. Derays

Je croyais être sûr d'un fret hier mais, pendant que le courtier se trouvait ici, un autre navire avait fait affaire. Mais le courtier m'a fait espérer que je pourrai en avoir un demain attendu qu'il y a demain à Marans [14] une des plus grandes foires de l'année où il se fait beaucoup d'affaires pour les grains. Aussi, demain je vais m'y rendre afin de voir s'il y a quelque chose pour nous. S'il n'y a rien, je partirai aussitôt pour Gênes car c'est notre dernière ressource pour trouver un fret. Je pense, Monsieur, que j'aurai fait tout ce qui dépend de moi pour trouver un fret. Monsieur Michel. à qui j'en ai parlé, m'a conseillé de le faire.

Tout le monde est bien.

J'ai l'honneur d'être votre tout dévoué.

---

12. Monsieur Michel est probablement consignataire à La Rochelle.

13. À noter qu'ici le « quintal » de morues équivaut à cinquante-deux kilogrammes. D'autres sources indiquent cinquante-cinq kilogrammes.

14. Localité du nord de la Charente Maritime sur la Sèvre Niortaise.

– Port de La Rochelle, le 9 novembre 1854

Dépêche télégraphique adressée à Monsieur De Rays à Pléneuf;

De rays, Pléneuf par Saint-Brieuc

Incertitude de fret pour Méditerranée. Faut-il décharger morue aux conditions ma lettre[15]. Vents contraires. Réponse télégraphique concise.

– Port de La Rochelle, le 14 novembre 1854

À M. Derays

Nous sommes entrés dans l'avant-port de La Rochelle aussitôt après la réponse à la dépêche que j'ai reçue. Hier, lundi treize, nous avons commencé à décharger et nous avons mis en magasin.

J'ai été voir Monsieur Michel. Il m'a dit que nous avions vendu hier quelques quintaux à vingt-six francs. On trouve généralement la morue belle et dans des circonstances qui conviennent au pays. Plusieurs marchands qui sont venus la voir disent que nous ne serons pas longtemps en magasin avant que la cargaison ne soit vendue. Mais, le prix étant assez élevé, ils voulaient tenter la chance d'une baisse. Aussi, ils ne prennent que juste ce dont ils ont besoin. Cependant, on préfère notre morue à celle du navire qui est arrivé avant nous. Quoiqu'il ne reste plus beaucoup de la cargaison de ce dernier, c'est toujours notre morue que l'on vend.

Monsieur Michel me donnera la lettre que vous m'avez dit de lui demander quoique vous avez du recevoir, le lendemain de la mienne, une lettre de lui qui vous confirmait les conditions que je vous avais indiquées.

Ici, les frets ont beaucoup tombé comme je vous l'avais dit. L'autre jour, avant de recevoir votre lettre, j'avais donné un pouvoir à vingt-quatre francs pour charger au Brault[16] attendu que le navire ne pourrait pas monter plus haut. De Nantes, on a offert ici des navires à vingt-deux francs aussi. J'ai

15. Joseph Conan, n'est pas un véritable fondé de pouvoir de son armateur comme l'étaient encore à cette époque certains capitaines de la marine de commerce. Les décisions ultimes ne lui appartiennent pas, donc il doit rendre compte sans cesse de ses démarches. Quant à l'armateur, il n'est pas, lui-même négociant Au long du XIXe siècle, surtout avec l'introduction de la vapeur, une disjonction s'établira entre les deux facettes de l'activité des armateurs. Jean-Louis Lenhoff, *Les hommes en mer*, A. Colin, 2005.

16. Le *Saint-Brieuc* a un tirant d'eau qui ne lui permet pas de remonter la Sèvre Niortaise jusqu'à Marans. Brault se trouve en aval, pas loin de l'embouchure.

cru devoir faire ce que j'ai fait. Je l'ai fait dans nos intérêts de crainte que plus tard on ne diminue.

Tout le monde se porte bien.

J'ai l'honneur d'être votre tout dévoué.

– La Rochelle, le 15 novembre 1854

À M. Derays

J'attends tous les jours une réponse pour les frets de la Méditerranée. Le pouvoir que j'avais donné est expiré. Les frets pour la Méditerranée sont excessivement rares. Je vous prierais de me dire si vous voulez que je prenne pour ailleurs au cas où ce fret manquerait ce qui, cependant, n'est pas probable. On me parle de prendre un fret pour les États-Unis [17]. Cependant, cela n'est pas certain mais pourrait tout de même arriver quoique l'on trouve le navire un peu grand. On pourrait encore avoir des frets pour d'autres ports soit en sel soit en autre chose. La morue va toujours bien que nous ayons livrée hier à vingt-six et à vingt-six cinquante. Aujourd'hui, Monsieur Michel ne veut pas donner à moins de vingt-sept. On attend ici, à ce qu'il paraît, encore quelques cent quintaux de morue. Mais ce doit être de la morue du Golfe [18] et la morue de la côte est beaucoup plus estimée.

Tout l'équipage se porte bien.

J'ai l'honneur d'être votre tout dévoué.

– Marans, le 29 novembre 1854

À M. Derays

J'ai l'honneur de vous annoncer mon arrivée au Brault rivière de Marans. Je n'ai pu recevoir mon affrètement que quelques jours après avoir écrit ma

17. Contrairement à la plupart de ses collègues de la grande pêche qui ne sont que maîtres de cabotage, Joseph Conan est capitaine au long cours et peut donc envisager des voyages commerciaux outre-mer comme celui qui lui est proposé pour les États-Unis.

18. Le golfe dont il est question est probablement le Golfe du Saint-Laurent. Il y a aussi là-bas des bancs sur lesquels pêchent quelques navires de la Baie de Saint-Brieuc ou de Saint-Malo. La morue qui est pêchée sur les bancs est seulement salée. Cette morue verte peut être ramenée directement en France ou bien être ultérieurement séchée. Comme on voit mal que Joseph Conan puisse comparer morue verte et morue séchée, on peut supposer qu'il s'agit ici de morue pêchée sur les bancs et séchée ensuite à Saint-Pierre et Miquelon ou sur quelque endroit de la côte de Terre-Neuve.

lettre et j'ai reçu votre lettre aujourd'hui. À La Rochelle, aussitôt que j'ai été prêt, nous sommes sortis du port pour nous rendre à notre destination. Cela a été assez long attendu les difficultés de la rivière et le mauvais temps.

Nous devons charger à vingt-trois francs pour le léger et à vingt francs pour le lourd. Tout le monde trouve que c'est un joli prix. Enfin, pour le moment, nous allons nous presser pour faire décharger notre lest et pouvoir prendre notre chargement ;

Tout l'équipage est bien.

J'ai l'honneur d'être votre tout dévoué.

– Brault, le 9 décembre 1854

À M. Derays

Comme je vous le disais dans ma dernière lettre, ce pays ici n'est pas du tout commode. Nous avons mis très longtemps pour délester et nous n'avons fini que le 5 au matin. Nous n'avons commencé à embarquer du blé que le huit, hier. Aujourd'hui, je ne sais pas ce que nous allons pouvoir faire car nous avons un très mauvais temps et il tombe de la pluie. Hier, nous avons embarqué environ cinquante tonneaux de froment. Aussi, si le temps le permet et ne nous contrarie pas trop et si nous avons toujours des allèges [19], je crois que nous ne serons pas trop longtemps et que nous pourrons être passés à la fin de la semaine prochaine.

Les provisions qu'il nous faut sont chères à La Rochelle et encore plus chères ici. Je pense qu'à Marseille je les trouverai à meilleur marché vu la permission de l'importation des vins d'Espagne en France. Or ce pays est très rapproché de Marseille.

Quant à notre voie d'eau, j'attendais, pour vous dire si nous l'avions trouvée, d'être chargé au dessous de l'endroit où nous avons trouvé un trou qui n'avait pas été tout à fait percé dans l'étambot [20]. Par le frottement du gouvernail il est venu à se déboucher. Ce trou n'était pas plus gros que la taille (d'une plume) et, une fois qu'il a été dégagé, nous avons vu qu'il

19. Ce sont des embarcations qui servent à charger et à décharger les navires plus importants.
20. Pièce de bois verticale fixée sur la quille à l'arrière du navire. Elle est à l'opposé de l'étrave et elle reçoit le gouvernail.

traversait l'étambot et la première levée du liston [21] et qu'il avait environ un pouce de diamètre. Nous l'avons bouché avec un bout de gournable [22].

C'est avec peine, Monsieur, que j'ai appris le malheur qui a frappé votre famille ainsi que tout le pays pour lequel il était un grand protecteur [23]. C'est pour cette cause que, sitôt que j'ai su la nouvelle soudaine de sa mort, j'ai mis le navire en grand deuil.

Tout l'équipage est bien.

J'ai l'honneur d'être votre tout dévoué.

– Brault, le 24 décembre 1854

À M. Derays

Je réponds à votre lettre en date du 14 décembre que j'ai reçue l'autre jour. Notre chargement n'est pas encore terminé et ces jours-ci on ne pourra pas travailler à cause de la grande fête. Nous avons encore environ trente-cinq tonneaux d'avoine à embarquer si toutefois nous pouvons les prendre. Jusqu'ici, nous n'avons pas été retardés car le mauvais temps qu'il fait tous les jours nous aurait empêché de partir et, pour nous autres, les jours de planche courent toujours. Il y a des navires sur rade qui y sont avant que nous ne soyons arrivés. Plusieurs sont sortis et ont été obligés de rentrer car nous avons tous les jours coup de vent sur coup de vent. Ces deux derniers jours, nous en avons eu un très mauvais temps.

Tout l'équipage est bien.

J'ai l'honneur d'être votre tout dévoué.

Dans ma prochaine lettre, en vous envoyant mes comptes, je vous enverrai ceux de l'équipage.

– Bord du Saint-Brieuc, le 29 décembre 1854

À M. Derays

Je vous écris pour vous annoncer mon départ. Je pense que nous allons avoir du beau temps. Nous avons fini de charger le 27 et, aussitôt, nous

21. Bourrelet longitudinal à l'extérieur de la coque au niveau du pont.

22. Sorte de cheville en bois. Elle sert, en principe à fixer les bordages d'un navire. Ici, elle sert à boucher un trou.

23. Ce paragraphe évoque la mort, le 7 novembre 1854, du général François Lenormand de Lourmel lors des combats de la guerre de Crimée. C'était le frère d'Henriette de Lourmel, l'épouse de l'armateur Mathieu Rubin de Rays.

nous sommes mis en devoir de partir car le mauvais temps a cessé en même temps que notre chargement. Je ne sais si ce sera pour longtemps aussi je m'empresse d'en profiter.

Voici les avances que j'ai faites à l'équipage :

Guinard Mathurin :	5 francs
Guinard Joseph :	10 francs
Briend :	12 francs
Gautie :	10 francs
Javanan :	15 francs
Lécuyer :	20 francs
Derlot :	15 francs
Cornillet :	26 francs
Crolais :	10 francs
Gaillard :	10 francs
Oliviero :	10 francs

Nous avons environ à bord 240 tonneaux payables et le navire est plein sans être chargé.

Tout l'équipage est bien portant.

J'ai l'honneur d'être votre tout dévoué.

– Port de Marseille, le 26 janvier 1855

À M. Derays

J'ai l'honneur de vous annoncer mon arrivée à Marseille sans aucune avarie. Nous avons eu une traversée assez courte par rapport aux autres navires. Mais nous avons tout de même mis vingt-huit jours. Nous sommes arrivés hier après-midi.

J'ai vu les courtiers aujourd'hui et je dois aller ce soir voir pour tâcher de trouver un affrètement pour la Mer Noire comme vous aviez paru le désirer dans vos dernières lettres. Quand j'ai été aujourd'hui porter mon rôle au bureau de la marine, on m'a dit qu'il y avait plusieurs hommes susceptibles d'être pris pour le service. Alors, j'ai dit que je comptais charger pour le gouvernement. On m'a alors répondu qu'il était possible que je n'aie personne de levé dans ce cas[24].

24. Après la victoire de l'Alma, les troupes terrestres et la flotte vont entreprendre le siège de Sébastopol. La menace pèse sur les capitaines et sur les armateurs. Reste une solution : transporter matériel et troupes à destination des zones arrière des combats en Mer Noire.

J'ai vu ce matin le capitaine de la *Marie-Victoire* qui est ici depuis quelques jours[25].

Je vous demanderais si vous voulez que le zinc du navire soit visité et si vous voulez que le navire soit doublé comme vous me l'aviez dit avant le départ. En effet, le doublage existant[26] du navire est très vieux et vous avez vu par vous-même, au port d'armement, qu'il s'en allait en lambeaux.

Tout l'équipage est bien;

J'ai l'honneur d'être votre tout dévoué.

– Marseille, le 31 janvier 1855

À M. Derays

Nous avons commencé à décharger hier et nous continuerons sans interruption, je l'espère, jusqu'à la fin. En effet, on prend bord pour le gouvernement et l'on dit qu'une fois que cela est commencé, on ne retarde plus. J'ai parlé au courtier pour un affrètement pour la Mer Noire mais il faut que le navire soit paré à prendre charge de façon à ce que, sitôt l'engagement pris, le navire soit mis à la disposition.

J'ai vu ce matin le capitaine de la *Marie-Victoire* et je le crois sur le point d'être affrété. Il paraît être content de la manière dont ses avaries ont été réglées. On prend, par ici, beaucoup de monde pour le service aussi, les hommes ont grande peur.

Tout l'équipage est bien.

J'ai l'honneur d'être votre tout dévoué.

25. La *Marie-Victoire*, l'autre navire de Rubin de Rays, est arrivée à Marseille le 22 janvier avec une cargaison d'avoine provenant de Lézardrieux. Elle est toujours commandée par Marie-Ange Lesage. Elle repartira pour Le Havre et Rouen le 24 février.

26. Du temps de la marine en bois, la fixation de divers organismes sur les coques était source de problèmes et en particulier, du ralentissement des navires. Il fallait caréner fréquemment surtout dans les mers chaudes. Or, lors de certains voyages au long cours, le carénage était impossible. Une des solutions introduite à partir du XVIIIe siècle a consisté à doubler une partie de la coque extérieure par un revêtement. À cet effet, on a d'abord utilisé le cuivre qui avait cependant l'inconvénient de provoquer l'altération des éléments ferreux du bateau. Dans la première partie du XIXe siècle, on s'est mis à utiliser le zinc dont les inconvénients étaient moindres à cet égard mais dont les qualités étaient inférieures par ailleurs. Certains affréteurs donnaient leur préférence au cuivre mais les armateurs utilisaient de plus en plus fréquemment le zinc qui, par ailleurs, était moins onéreux que le cuivre.

– Marseille, le 14 février 1855

À M. Derays

Nous avons fini de décharger vendredi dernier et, aussitôt, j'ai été voir le négociant chargé d'affréter le navire pour le gouvernement. Il m'a répondu que l'ordre était arrivé de ne plus affréter de navire pour le moment.

J'ai fait, suivant vos ordres, un voyage à Toulon. J'ai été, comme vous me l'aviez dit, chez Monsieur Félicien. Mais je n'ai rien trouvé ; pas plus à Toulon qu'à Marseille. Pour la Méditerranée, les frets sont très bas et encore, on n'en trouve pas. Tous les navires qui étaient en charge pour le nord ont d'abord eu joliment de la marchandise et, maintenant, ils sont là, attendant le reste de leur chargement depuis huit ou dix jours alors que les frets pour le long cours sont assez avantageux. On m'a proposé, l'autre jour, un fret pour le Brésil à quatre-vingt-dix francs du tonneau (sucre en sacs) ce qui fait que dans quatre ou cinq mois, le navire pourrait faire un fret d'environ vingt-huit à trente mille francs. Voilà, Monsieur, les causes qui m'ont décidé à vous écrire par le télégraphe afin de pouvoir doubler.

La *Marie-Victoire* qui, dans le commencement, avait plus de marchandises qu'elle ne pouvait en arrimer et aussi en mettre autant, elle ne peut plus en avoir mais cela ne durera pas longtemps car il lui en faut très peu pour finir.

Tout le monde va bien.

J'ai l'honneur d'être votre tout dévoué.

– Marseille, le 21 février 1855

À M. Derays

Je reçois votre lettre en date du 18 du dit mois dans laquelle vous me dites avoir reçu la dépêche que je vous avais envoyée dans laquelle je vous demandais de doubler pour faire le long cours. Vous avez du aussi recevoir une lettre par la poste dans laquelle je vous disais aussi les causes qui m'avaient déterminé à vous écrire.

Ainsi, j'ai été voir le maître calfat qui s'est chargé de doubler les autres navires des environs car il y en a beaucoup qui ont doublé. Il m'a dit que cela coûterait pour doubler le navire comme il faut pour faire les voyages dans tous les pays, c'est-à-dire jusqu'à sa ligne de flottaison quand il est chargé : environ trois mille cinq cent francs à quatre mille francs tous frais payés.

Là-dessus, avant de vous écrire, j'ai fait le compte d'un fret pour aller à Alexandrie : le seul que j'ai trouvé d'avantageux. Cela ferait environ douze mille francs plus quatre mille francs que coûterait le doublage cela donnerait seize mille francs. Pour aller faire un voyage au Brésil prendre du caoutchouc, on ferait un fret d'environ trente mille francs et on ne serait pas beaucoup plus d'un mois de plus, ce qui ferait une différence de quatorze mille francs. Pour le temps qu'il faudrait pour doubler, ce serait environ une semaine ce qui ne serait pas long. Cependant, pour songer à faire un voyage comme celui-là, il est impossible d'y penser sans doublage car les bords du navire risqueraient d'être piqués par les vers et, en conséquence, perdus.

Pour les hommes, que nous fassions un voyage dans la Méditerranée ou ailleurs, dès lors que ce ne sera pas pour le gouvernement, les hommes qui devront être pris le seront. C'est pourquoi ce problème ne peut être pris en considération.

Il faut encore à Monsieur Lesage 12 tonneaux de marchandise. S'il peut les avoir cette semaine, il compte expédier samedi.

J'attends votre réponse positive le plus promptement possible.

Tout l'équipage est bien.

J'ai l'honneur d'être votre tout dévoué.

– Marseille, le 5 mars 1855

À M. Derays

Aussitôt que j'ai reçu votre lettre en date du 25 février, je me suis empressé de chercher un affrètement. Je n'ai pu trouver autre chose que d'aller, comme je vous l'avais dit dans mes autres lettres, prendre un fret à Alexandrie qui sera constitué soit de blé en grains soit de coton.

Quant aux hommes, vous me demandez si je pourrai les remplacer. Il y a beaucoup de navires qui n'ont pas un homme à bord et qui trouvent des équipages et des hommes capables pour naviguer. Demain matin, je compte aller au bureau de la Marine pour voir les hommes qui seront pris. Peut-être que la mort de l'empereur Nicolas que l'on a appris hier fera changer quelque chose dans les affaires.

Je ne sais quand nous serons prêts à partir car presque tous les navires partent d'ici sur lest et il y en a cinquante à lester avant nous.

Quant aux hommes que je serai obligé de prendre ici, il faudra que leur prix tout entier soit porté sur le rôle et que ce soit le prix du cours de la place d'autant plus que si par hasard cela venait aux oreilles du Commissaire, il pourrait m'attaquer comme voulant frustrer la Caisse des invalides[27]. Demain, quand j'aurai été au bureau de la Marine, je vous écrirai le résultat.

27. Il semblerait que l'armateur, ne pouvant que se résigner à l'augmentation du prix de recrutement des matelots, ait suggéré à son capitaine de faire figurer sur les rôles

Tout l'équipage est bien.
J'ai l'honneur d'être votre tout dévoué.

– Marseille, le 7 mars 1855
À M. Derays

Il n'y a pas de marchandise sur place ce qui fait que tous les navires prennent du lest. Notre tour n'est pas encore arrivé de sorte que nous sommes toujours en travers.

Je vous disais l'autre jour que le lendemain j'aurai su pour les hommes mais je n'ai pas encore été fixé. On voulait me prendre cinq hommes qui étaient susceptibles d'être pris mais hier, alors que je croyais être obligé de perdre tous ces hommes, un individu est venu me trouver pour me dire que si je voulais donner deux cents francs (enfin, j'ai obtenu pour cent soixante francs), il me ferait avoir mon rôle sans que je sois obligé d'aller au Bureau. Alors, voyant que si je n'acceptais pas, j'allais être obligé de prendre, à la place de ceux qui se trouvent à bord, des hommes qu'il faudrait payer soixante-dix francs par mois, je me suis dit que dans moins de deux mois, j'aurai gagné plus que l'argent déboursé et j'aurai encore les mêmes hommes. Voilà, Monsieur, ce qui m'a décidé à faire l'affaire. Aujourd'hui, j'ai mon rôle expédié avec tout le monde dessus.

Je crois avoir travaillé dans l'intérêt de l'armement.
Tout l'équipage est bien.
J'ai l'honneur d'être votre tout dévoué.

– Marseille, le 13 mars 1855
À M. Derays

Nous sommes toujours dans l'attente de notre lest. Tous les jours, je vais au Bureau du port pour tâcher d'avoir mon billet pour lester mais on me dit qu'il n'y a pas de lest et qu'il y a encore plusieurs navires avant nous.

Pour le paiement des hommes, si je suis obligé d'en débarquer parce qu'ils sont pris pour le service, je sais que je ne leur devrai que ce qui est porté sur le rôle. Mais, il n'en est pas de même pour ceux que je serai obligé d'embarquer. Comme je vous l'ai dit, je ne pense pas que cela arrivera.

---

des salaires inférieurs à ce qu'il acceptait de payer. Le capitaine s'y oppose arguant du fait que, dans ce cas, les cotisations payées à la Caisse des Invalides seraient inférieures à ce qu'elles auraient dû être. Cette cotisation, de l'ordre de 3 % des soldes sert à alimenter la caisse des Invalides qui alimente les retraites des marins depuis 1784.

J'ai mon rôle mais je ne sais pas si je serai obligé de le renvoyer au Bureau car Gauthier est absent depuis samedi dernier. Comme c'est un homme qui d'habitude est très tranquille et ne manque pas à son service, j'ai peur qu'il ne lui soit arrivé malheur. Enfin, j'ai fait ma déclaration à la marine afin qu'on le fasse chercher par les gendarmes.

S'il lui est arrivé malheur, je ne prendrai pas d'autre matelot pour le remplacer à moins que, quand je reporterai mon rôle au bureau, on m'en prenne d'autres.

Tout l'équipage est bien.

J'ai l'honneur d'être votre tout dévoué.

– Marseille, le 26 mars 1855

A M. Derays

Dans ma dernière lettre, je vous disais que le nommé Gauthier Mathurin Louis était absent et que j'avais craint un malheur pour lui. C'est, effectivement, ce qui lui est arrivé. Samedi dernier, j'ai appris qu'un homme noyé avait été trouvé derrière la place[28] où nous étions avant d'aller prendre notre lest et que cet homme avait été porté à la morgue. Aussitôt, j'ai envoyé un homme pour voir si c'était lui et il l'a parfaitement reconnu. J'ai fait toute diligence tant auprès des officiers civils qu'auprès du Bureau de la Marine, chose que je craignais beaucoup à cause des autres hommes. Comme nous étions sur le point de partir, n'attendant que le bon vent, j'ai été obligé de le porter déserteur. Hier, nous avons fait faire son enterrement et nous l'avons conduit au cimetière accompagné d'une partie des équipages des navires du pays étant à Marseille. J'ai été obligé de payer 10 francs pour le médecin qui a fait la levée du corps et vingt-deux francs vingt-cinq centimes pour l'enterrement. Quant à Gauthier, il avait reçu avant sa mort (60) francs. De plus, il a embarqué le 18 octobre 1854 et débarqué le 21 mars 1855 ce qui

28. En ce qui concerne les bamboches des matelots à Marseille, le capitaine Desury, l'oncle de Joseph Conan, qui a été syndic des gens de mer au Légué écrit en 1850 dans sa *Notice sur la navigation et la pêche de la morue* : « la police a pris depuis quelques années un arrêté très sage ; dès qu'il est nuit, si on trouve un homme ivre, on le met au violon pour vingt-quatre heures et on le renvoie ensuite. Aussi, il se noie beaucoup moins de matelots aujourd'hui qu'autrefois ». Un peu plus loin, il parle d'hommes « qu'on ne peut dégriser et qu'il est à peu près impossible de tenir à bord malgré eux ». Desury Pierre, *Notice sur la navigation et la pêche de la morue à la côte de l'île de Terre-Neuve* dans Le Maout Charles, *Collection de pièces inédites ou peu connues concernant l'histoire, l'archéologie et la littérature de l'ancienne province de Bretagne*, Saint-Brieuc, 1851.

donne pour sa solde 183 francs dix-sept moins les trois pour cent, moins les soixante francs qu'il avait reçus de moi. J'ai été, aujourd'hui, porter son coffre au bureau de la Marine et je pense partir demain.

Les avances faites aux hommes pour le départ sont :

À savoir

Guinard Mathurin :	70 F
Guinard Joseph :	47,50 F
Briend Julien :	58 F
Derlot Jean :	47 F
Barbedienne :	47 F
Lécuyer :	50 F
Javanan :	42 F
Crolais :	27 F
Gaillard :	40 F
Cornillet :	63 F
Oliviéro :	40 F

J'ai avancé à Monsieur Lesage, pour son navire, la somme de trois cents francs.

Tout l'équipage est bien.

J'ai l'honneur d'être votre tout dévoué.

Contrairement aux espoirs de Joseph Conan, la guerre de Crimée n'est pas finie. Le Saint-Brieuc *doit explorer de nouvelles voies commerciales. Armé au grand cabotage, il quitte Marseille sur lest et arrive à Alexandrie le 11 avril 1865.*

Avril 1855-décembre 1855
Le *Saint-Brieuc* se lance dans le commerce international

– Alexandrie, le 19 avril 1855

À M. Derays

J'ai l'honneur de vous annoncer notre arrivée à Alexandrie en date du 11 avril. Nous avons eu une traversée assez courte mais nous avons eu un peu de mauvais temps. Je pense que nous ne serons pas bien longs pour notre chargement qui se composera d'une partie en graines de sésame et le reste en coton. Nous finissons de délester aujourd'hui et nous gardons à bord environ quarante tonneaux de lest ce qui, je pense, sera avantageux en ce qu'il nous servira de grenier et nous donnera la faculté de prendre plus de coton [1].

Je ferai aussi represser les balles de coton car ici tous les navires le font. C'est une dépense pour nous mais cela nous fera gagner environ vingt-cinq pour cent à ce qu'en disent tous les capitaines qui chargent ici. Même les négociants qui affrètent des navires au travers le font aussi pour eux.

1. Le coton a une faible densité. D'où la nécessité de conserver un peu de lest et de faire presser le plus possible les balles. On nomme grenier la couche plus ou moins épaisse de lest déposée ou laissée à fond de cale avant de prendre un chargement léger mais très encombrant. La plus grande partie du coton alors importé en France provient des plantations des États-Unis qui sont, de loin, les premiers producteurs mondiaux. Il est importé par le port du Havre qui est d'ailleurs une des principales places du commerce du coton. Quant aux graines de sésame, depuis les années trente elles arrivent dans les huileries de Marseille. Une part de plus en plus importante provient des côtes de l'Afrique Occidentale. On en extrait de l'huile qui tend à remplacer l'huile d'olive pour la fabrication des savons.

Monsieur Hamonet[2], qui se trouve en ce moment à Alexandrie, me prie de vous présenter ses respects.

Tout l'équipage est bien.

J'ai l'honneur d'être votre tout dévoué.

– Alexandrie, le 5 mai

À M. Derays

Nous sommes en chargement. Je pense pouvoir expédier la semaine prochaine pour Marseille. J'avais d'abord commencé à faire presser comme je vous l'avais déjà dit dans ma dernière lettre. La presse du chargeur étant très mauvaise, j'ai cru dans votre intérêt de ne pas faire represser attendu qu'il m'a défendu de faire presser ailleurs. En effet, je n'ai pas trouvé chez lui de quoi pouvoir compenser les frais que je serai obligé de faire, en ayant un bénéfice marqué comme chez l'autre personne chez qui je voulais faire presser. Ce dernier me donnait en effet un bénéfice de trente pour cent par rapport au chargeur avec sa mauvaise presse.

Nous avons eu Javanan qui a été indisposé et que j'ai mis à l'hôpital. Il est maintenant à bord et se porte bien. Je pense que c'est un froid qu'il avait attrapé en travaillant au délestage. Mais, comme cela a été pris tout de suite, cela n'a été rien. Du reste, tout le monde est bien portant.

Depuis que je suis ici, je n'ai pas encore reçu de lettre de vous. Vous avez dû ne rien savoir de mon arrivée en date du 19 avril attendu que le vapeur, qui ne vient que tous les quinze jours, partait quelques heures avant notre arrivée au mouillage.

J'ai l'honneur d'être votre tout dévoué.

– Alexandrie, le 17 mai 1855

À M. Derays

J'ai l'honneur de vous annoncer mon départ. Nous sommes en ce moment sous voile et je vous écris par le pilote. J'ai toujours attendu une lettre de vous mais, le vapeur n'étant toujours pas arrivé depuis que nous sommes à Alexandrie, je n'en ai pas reçu une seule.

2. Le capitaine Jean-François Hamonet commande le trois-mâts *Le Cygne* de l'armement Besnard de Saint-Brieuc. C'est un maître de cabotage très connu de Joseph Conan et surtout de Rubin de Rays. De 1847 à 1853, c'est en effet lui qui a commandé le *Saint-Brieuc*, lorsque Rubin de Rays débutait dans sa carrière d'armateur à la grande pêche.

Javanan est resté dix jours à l'hôpital et aujourd'hui il est très bien.

Nous avons été obligés de faire notre planche toute entière et je n'ai reçu mes acquits de douane que le jour où elle se terminait. Cela a été très fâcheux pour nous attendu le retard que cela nous a causé mais il paraît que c'est l'habitude du pays. D'ailleurs, les autres sont dans le même cas.

Tout l'équipage est bien portant.

J'ai l'honneur d'être votre tout dévoué.

– Marseille, le 17 juin 1855

À M. Derays

J'ai l'honneur de vous annoncer mon arrivée à Marseille avec un chargement consistant en grains de sésame et en coton. J'ai trouvé ici une lettre de vous en date du trente dans laquelle vous me dites que je ne vous avais pas informé pour où j'avais affrété. Cependant, il me semble que je vous l'avais annoncé dans une lettre en date du 5 mars. Vous avez aussi dû recevoir trois lettres de moi envoyées d'Alexandrie : une du 19 avril, la seconde du 5 mai et la dernière du 17 mai dans laquelle je vous annonçais mon départ. Je n'ai pas reçu de lettre de vous depuis celle du 30 mai et c'est hier que je l'ai reçue.

En ce qui concerne les comptes, je vous les enverrai demain ou après-demain en vous disant ce qu'il en est à peu près des affaires afin que vous décidiez promptement ce que vous voulez faire du navire et que nous ne soyons plus retardés comme la dernière fois.

Quand j'ai été porter mon rôle au Bureau, on m'a dit qu'il y allait avoir quelques-uns de mes hommes, susceptibles d'être levés, qui seraient pris pour le service mais que je les conserverai toujours jusqu'à la fin de mon déchargement. On m'a également dit que les hommes qui ont de la famille pourraient, peut-être, être exemptés. Je vous prie donc de m'envoyer un certificat du Bureau de la Marine de Saint-Brieuc constatant la quantité d'enfants de Monsieur Joseph Guinard et du nommé Lécuyer. Quant à Derlot et Barbedienne, aussitôt le déchargement fini, ils vont être levés car on fait beaucoup de levées[3].

3. Les mousses et novices ont moins de vingt ans et ne peuvent donc pas être levés. Joseph-Marie Barbedienne et Jean-Marie Derlot qui ont respectivement trente et vingt-six ans n'ont pas d'enfant : ils peuvent donc être levés immédiatement. Joseph Guinard et Jean Lécuyer, plus âgés, ont tous les deux trente-sept ans. Auguste Javanan et Julien Briend qui ont respectivement cinquante et cinquante-trois ans ne sont plus en âge d'être levés.

Tout l'équipage est bien.
J'ai l'honneur d'être votre tout dévoué.

– Marseille, le 27 juin 1855

À M. Derays

Hier, j'ai reçu votre lettre contenant tous les certificats et dans laquelle vous me disiez de voir Monsieur Babaton [4] au sujet d'un affrètement. Mais cela m'a été impossible vu qu'hier a eu lieu l'enterrement de Monsieur son frère. Aujourd'hui non plus il n'est pas apparu à la bourse. Je pense pouvoir lui parler demain. Je me suis, autant que possible, informé de ce qu'il pouvait y avoir à faire. Comme Monsieur Babaton a dû vous le dire, il n'y a rien à faire pour le gouvernement, presque rien pour le cabotage mais assez pour le long cours. Aussi, demain, si je puis voir Monsieur Babaton, je lui communiquerai vos ordres et lui demanderai que faire en ce qui concerne les hommes.

Dans deux ou trois jours, nous serons fixés. Mais nous ne devons plus penser à agir comme l'autre fois car on s'est aperçu de la chose et le commis de la Marine est, dit-on, en prison ainsi que le commis de courtier et un capitaine… j'ai rencontré le commis de courtier qui m'a dit de faire bien attention parce que l'on poursuivait aussi bien ceux qui avaient donné de l'argent que les autres. Par conséquent, il est impossible que nous puissions rien faire de nos certificats.

Ci-joint, inclus, les comptes que vous me demandez moins le règlement de l'équipage.

Dans deux ou trois jours, je vous donnerai des nouvelles de ce qui sera arrivé.
Je crois que, demain, nous finirons de décharger.
Tout l'équipage est bien.
J'ai l'honneur d'être votre tout dévoué.

– Marseille, le 28 juin 1855

À M. Derays

Je quitte Monsieur Babaton auquel j'ai communiqué les lettres que j'ai reçues de vous. Il me dit que c'est le long cours le plus avantageux pour le moment. Il m'a demandé si le navire était doublé chose à laquelle j'ai répondu négativement. J'ai précisé qu'il n'y avait que le petit fond [5] portant

4. Monsieur Babaton est consignataire.
5. Partie inférieure de la coque peu accessible même à l'échouement.

sur grève à l'échouement qui était doublé et que cela avait été fait il y a environ sept ans et demi. Il m'a alors dit de vous demander le plus tôt possible s'il fallait doubler car vous ne lui en aviez pas parlé dans la lettre qu'il avait reçue de vous. Or, d'après lui, on ne trouvera pas de fret pour le long cours si le navire n'est pas doublé. Aussi, je vous prie de répondre par le télégraphe afin que nous ne perdions pas de temps. Monsieur Babaton m'a dit que, dans l'espoir que vous acceptiez, il allait s'occuper de trouver un fret favorable pour le long cours car c'est, pour le moment, le seul type de voyage qui offre un avantage quoique petit. J'ai vu aujourd'hui le maître calfat et il me dit à peu près la même chose que l'autre fois.

Nous finissons de charger aujourd'hui.

Tout l'équipage est assez bien.

J'ai l'honneur d'être votre tout dévoué.

– Marseille, le 1er juillet 1855

À M. Derays

J'ai l'honneur de vous avertir que le nommé Lécuyer est débarqué et que je lui ai soldé son compte en y défalquant la somme de cent soixante-dix francs que sa femme avait reçue chez vous et en me réservant le droit d'avoir recours sur lui s'il y en avait davantage. On lui a permis de passer par Saint-Brieuc où il doit être levé de sorte qu'il s'en retourne à ses frais. Mais c'est sa faute, c'est un homme sans tête et ce n'est pas la première bêtise qu'il fait. J'avais, en effet, été le matin au Bureau ainsi que le Commissaire me l'avait ordonné, avec les quatre hommes susceptibles d'être levés et j'avais réussi à avoir un sursis. Dans une période pendant laquelle les affaires peuvent changer de face, il revient à bord et ne veut pas obéir au second qui me fait prévenir. Je vais aussitôt voir le Commissaire pour porter plainte et qu'il ait une punition. Je le trouve alors à la porte du Bureau où il vient pour parler au Commissaire. Ce dernier, aussitôt, commande de lui donner sa feuille de route[6]. Les autres, à bord, sont tranquilles.

Nous sommes dans l'espérance de votre réponse qui, aussitôt reçue, nous fera prendre un parti. On a parlé à Monsieur Babaton de plusieurs frets.

Tout l'équipage est bien.

J'ai l'honneur d'être votre tout dévoué.

6. Jean Lécuyer a été immédiatement levé puis débarqué du *Saint-Brieuc* et payé le 28 juin. Finalement, trois matelots de l'équipage du *Saint-Brieuc* sont levés pour la guerre de Crimée.

– Marseille, le 3 juillet 1855

À M. Derays

J'ai l'honneur de vous annoncer que nous avons terminé l'affrètement. Aussitôt les réponses à nos lettres que nous avons reçues de vous, Monsieur Babaton et moi, voyant que votre désir était que le navire retourne dans le nord, nous avons affrété le navire pour aller prendre du sel à Bouc pour Dunkerque. Nous avons vingt-deux francs par (onze) cent kilogrammes.

Vous me dites dans votre lettre que la *Marie-Victoire* a été beaucoup plus heureuse que moi. Mais ce n'est pas ma faute car je crois vous avoir prévenu de tout ce qui se passait et c'est vous qui m'avez dit où il fallait aller. La *Marie-Victoire* a été cependant obligée de me prendre trois cent francs pendant son séjour à Marseille.

Tous les navires du pays que j'ai vus ici et qui font le long cours sont doublés. Par conséquent, je ne sais pas quels sont les navires qui ont été au Brésil sans l'être. Du reste, les négociants ne veulent pas tous affréter.

Monsieur, depuis le commencement de notre voyage, nous avons toujours fait de bonnes affaires : 1° À La Rochelle, le voyage de La Rochelle et de (La Havane) 2° Le voyage du Brésil quand nous sommes arrivés à Marseille chose qui est encore présente. Deux voyages se sont présentés et aussitôt ils ont été pris. Vous me dites que je ne vous donne pas les détails pour les frais. Mais, Monsieur, je ne le puis puisque, avant que j'aie reçu votre réponse, ces frets ne sont plus présents. Ils ont été pris par d'autres car, comme les frets sont très rares, sitôt qu'il s'en présente un, beaucoup sont prêts à le prendre. J'aurais cru que, ayant un négociant chargé de vos affaires à Marseille, cela aurait été plus vite mais ce dernier m'a dit qu'il ne pouvait prendre sur lui et qu'il lui fallait vos ordres. Mais cela est une entrave car, si une affaire se présente aujourd'hui, demain elle ne se présente plus.

Nous nous sommes enquis de tout : c'est le fret de Dunkerque qui nous apparaît le meilleur pour le cabotage. Enfin, Monsieur, puisque les (frets) sont très élevés par chez nous, je pense, en arrivant à Dunkerque, trouver une charte-partie qui commencera à nous tirer de la mauvaise chance où nous sommes depuis le départ[7].

Je pense partir mercredi pour Bouc aussitôt mon affrètement terminé.

7. Selon toutes vraisemblances, la charte-partie dont il est question dans cette lettre est à prendre dans le sens de contrat de louage du navire.

J'ai été au Bureau où on ne m'a laissé que Monsieur Guinard[8] de sorte que je suis obligé de prendre deux hommes pour remplacer les autres. Nous étions quatorze quand nous sommes partis et cela ne fera que douze. Derlot, après avoir été payé, m'a laissé cent vingt-cinq francs qu'il vous prie de remettre à ses parents qui ne doivent avoir rien pris sur son voyage. Barbedienne Joseph m'a aussi laissé cent francs qu'il vous prie de remettre à sa mère qui n'a rien dû prendre chez vous non plus.

Tout l'équipage est bien à l'exception de Monsieur Mathurin Guinard qui a eu dans la nuit de vendredi à samedi une attaque de cholérine[9]. Mais aujourd'hui, il est bien.

J'ai l'honneur d'être votre tout dévoué.

– Marseille, le 10 juillet 1855

À M. Derays

J'ai l'honneur de vous annoncer mon départ pour Bouc. Nous devons partir demain matin. Je pars sans avoir pu trouver les hommes que je cherchais pour remplacer les autres qui nous manquent. Je serai obligé de revenir de Bouc pour les prendre. Monsieur Babaton m'a beaucoup engagé à agir ainsi car un jour de retard peut nous en donner plusieurs attendu que l'on charge à tour de rôle.

Je vous dirais que, en ce qui concerne la paie des hommes, je suis bien obligé de m'en rapporter à ce qu'ils me disent car il faut que je les paye au Bureau et qu'ils déclarent être entièrement payés. Je n'ai pas débarqué le nommé Lécuyer mais il a été levé pour le service avec la permission de passer par son quartier, chose que les deux autres n'ont pas pu obtenir. Ces deux derniers sont tout deux à Toulon.

Tout l'équipage est bien.

J'ai l'honneur d'être votre tout dévoué.

---

8. Il s'agit de Joseph Guinard, le lieutenant, qui faisait partie des trois hommes susceptibles d'être levés. Jean-Marie Derlot et Joseph-Marie Barbedienne seront, quant à eux, débarqués et payés le 6 juillet.

9. C'est, en principe une forme bénigne de choléra mais il peut s'agir dans ce cas particulier d'une quelconque dysenterie.

– Bouc, le 19 juillet 1855

À M. Derays

J'ai reçu votre lettre dans laquelle vous me demandez mes comptes exacts. Je crois vous les avoir donnés tous. Vous avez sur une feuille, d'un côté, l'argent que j'ai reçu et, en face, le compte des dépenses faites et ce à quoi l'argent a été employé. Alors, si vous ne les trouvez pas en bonne disposition, vous pouvez vous-même les régler : ce sera toujours la même recette et la même dépense.

Je n'ai pas eu le temps de les faire car tous les jours il fallait être à courir, du matin au soir, sur les places et au Bureau de la Marine pour les deux hommes dont nous avions besoin. Pendant ce temps, les hommes du bord, quand ils allaient à terre pour prendre la soupe ou faire autre chose, étaient arrêtés par des marchands d'hommes qui leur disaient : « Voulez vous embarquer ? Vous aurez quarante-cinq ou cinquante francs pour les novices et de soixante à soixante-dix francs pour les matelots. » Ils étaient donc tous en révolution, voulant débarquer et cherchant chicane entre eux. Enfin, avant de partir, j'ai été obligé de faire mettre Cornillet en prison pour avoir mal répondu à Monsieur Guinard et l'avoir envoyé promener. Au moment du départ, les gendarmes sont venus me le ramener en me disant d'y faire bien attention parce qu'il voulait déserter [10].

J'ai été l'autre jour à Marseille où j'ai vu Monsieur Babaton qui m'a dit vous avoir envoyé cinq mille six cent cinquante francs : argent provenant de mon fret. Cependant, j'ai été obligé de prendre les six cent cinquante francs pour les provisions que je suis obligé de faire.

En ce qui concerne les deux hommes que j'ai engagés, l'un gagne soixante francs et l'autre soixante-cinq [11]. Vous me dites de faire en sorte que les autres hommes de l'équipage ne sachent pas combien ils gagnent mais cela est inutile car ils savent fort bien que ces hommes gagnent le prix de la place et de combien est ce prix. J'ai compté à l'un deux mois d'avance et à l'autre soixante-dix francs ce qui est apostillé sur le rôle.

---

10. Les choses ont du s'arranger par la suite car l'incident n'est pas relaté sur le rôle.
11. Fin juillet, Joseph Conan enrôle deux matelots pour remplacer Joseph-Marie Barbedienne et Jean-Marie Derlot. L'un, Bruneau Nau, n'est même pas inscrit maritime, c'est un Haïtien échoué à Marseille. Il touchera 60 francs par mois. L'autre, Charles Richeux, est inscrit maritime et touchera 65 francs par mois. Malgré l'augmentation qui leur a été accordée depuis le 1er mars, les autres marins ne recevront, pour la même campagne, que 42 francs par mois.

Avec toutes ces tracasseries, j'ai encore eu plusieurs hommes qui ont eu des attaques de cholérine après Monsieur Guinard. Enfin, moi-même, je suis presque malade, j'ai les pieds tout en pantenne [12] et je peux à peine marcher. Je vous assure qu'aujourd'hui tout n'est pas rose dans le métier de capitaine. On n'est pas sans avoir d'inquiétudes car souvent les hommes partent avec leurs avances qu'ils ont reçues au Bureau.

Dans ma prochaine lettre je tâcherai de vous envoyer mes comptes refaits d'une autre manière.

Nous sommes entrain de délester et je pense que nous commencerons bientôt à charger ce qui, je pense, ne sera pas long à faire.

Quant aux effets du malheureux Gauthier, il m'a été impossible de les faire envoyer attendu que je n'ai pas trouvé de navire allant chez nous. Pour les vendre, j'ai demandé au Bureau de la Marine et l'on m'a dit que c'était impossible attendu qu'il fallait qu'ils soient vendus par le Bureau. Comme les frais de vente se montaient à 60/80 francs, il fallait qu'il y ait plusieurs ventes afin que les frais soient moins forts pour chacun.

Tout l'équipage est bien.

J'ai l'honneur d'être votre tout dévoué.

– Bouc, le 31 juillet 1855

À M. Derays

Si je ne vous ai pas donné connaissance de la quantité d'argent que j'avais remis chez Monsieur Babaton, c'est que je comptais prendre quelque argent encore. En effet, je ne connaissais pas la somme des frais que je devais faire à Bouc car je n'avais pas encore mon équipage complet et devais retourner à Marseille pour le compléter. C'est ce que j'ai fait et j'ai été obligé de prendre les 650 francs pour lesquels j'ai donné un reçu car je croyais qu'il aurait attendu que je sois allé à Marseille pour vous envoyer l'argent : il m'avait d'ailleurs engagé à le faire.

Quant aux comptes que je vous ai envoyés, ils sont exacts et signés car je vous les ai envoyés dans une lettre et même, ils sont écrits en partie sur la lettre elle-même. Vous devez savoir qu'une lettre d'affaire est un acte authentique dans toute espèce de cas.

En ce qui concerne les hommes que j'ai embarqués, l'un se nomme Bruneau Nau ; il a reçu deux mois d'avance et a embarqué le 12 juillet pour

12. Un gréement en pantenne est un gréement mal fait ou mis de travers volontairement ou involontairement.

60 francs par mois. L'autre s'appelle Charles Richeux, a reçu 65 francs et a embarqué le 16 juillet pour 65 francs par mois.

Ont reçu à ce jour :

Monsieur Guinard Mathurin :	100 F
Guinard Joseph :	87 F
Briens :	75 F
Javanan :	77 F
Cornillet :	64 F
Croslais Mathieu :	62 F
Gaillard :	90 F
Oliviéro :	15 F

Voilà ce que les hommes ont reçu depuis le départ jusqu'à aujourd'hui 31 juillet.

Quant aux deux hommes qui ont débarqué le 7 juillet, je les ai payés immédiatement, au Bureau, de tous leurs salaires jusqu'à ce jour. Derlot, comme je vous l'ai écrit, a laissé 125 francs pour remettre à sa famille et le nommé Barbedienne a, lui aussi, laissé 100 francs pour remettre à sa famille.

Nous allons probablement finir de charger aujourd'hui et je compte partir après-demain si le temps est convenable. Aussi, il serait inutile que vous veniez à Bouc. Mais je serais content que vous veniez à Dunkerque : vous verriez que tous mes comptes sont en règle sur mon livre, reçus à l'appui.

Ci-joint, le compte des recettes et des dépenses de Marseille.

Tout l'équipage est bien.

J'ai l'honneur d'être votre tout dévoué.

– Bouc, le 9 août 1855

À M. Derays

J'ai l'honneur de vous annoncer mon départ de Bouc pour Dunkerque. Je croyais partir hier mais le temps ne l'a pas permis. Nous avons à bord trois cent cinquante mille kilogrammes de sel comme vous me l'aviez dit [13] Le navire n'est pas trop chargé et c'est tout à fait bien pour naviguer. Je pense que notre traversée ne devra pas être trop longue car, avant le départ, nous

13. Depuis que le transport de savon entre Marseille et Le Havre avait quasiment cessé, une des solutions pour les armateurs à la grande pêche était, pour assurer un fret de retour de prendre du sel aux salines de Hyères ou de Bouc proches de Marseille. Ainsi, dans les années cinquante, de nombreux morutiers de la baie de Saint-Brieuc trouvaient des frets de sel pour leur prochaine campagne de pêche. Il était toutefois plus intéressant de livrer dans le nord de la France.

avons bien frotté le navire et mis du coltar[14] jusqu'au niveau où nous avons pu arriver le navire étant tout à fait lège[15].

Le navire fait un peu d'eau depuis que nous sommes chargés mais je pense que cela ne durera pas car cela doit être provoqué par la sécheresse bien que le navire ait été arrosé tous les matins en dehors. Quand il aura été quelque temps dans l'eau, il redeviendra comme auparavant.

Tout l'équipage est bien[16].

J'ai l'honneur d'être votre tout dévoué.

– Dunkerque, le 17 septembre 1855

À M. Derays

J'ai l'honneur de vous annoncer mon arrivée dans ce port. Nous y sommes entrés hier au soir après avoir eu une traversée de quarante-cinq jours. Durant la traversée, le navire a fait beaucoup d'eau et n'a pas marché comme d'habitude. Je ne sais si cela tient à son dessous qui aurait besoin d'être visité et même d'avoir un carénage complet. Cependant, auparavant, il ne faisait pas d'eau alors qu'aujourd'hui il en fait trois à quatre pouces à l'heure. C'est très gênant, surtout que, pour comble de malheur, les pompes[17] sont en mauvais état.

Je n'ai pas trouvé de lettre de vous à mon arrivée. Je vous prie de me dire ce que vous comptez faire du navire afin que nous n'ayons pas de retard.

En mer, j'ai été obligé de dresser un procès-verbal contre le nommé Javanan pour un fait d'insubordination. À mon arrivée, je l'ai présenté au Commissaire de la Marine.

Tout l'équipage est bien.

Votre tout dévoué.

14. Coltar ou coal tar. C'est un goudron de houille dont on peut enduire l'extérieur des coques pour les protéger des algues et coquillages. Il joue donc le même rôle que le zinc mais il faut recommencer l'opération plus fréquemment.

15. Un navire lège est un navire sans cargaison ni lest.

16. Joseph Conan ne l'évoque pas dans sa lettre. Pourtant, à cette date, il a dû apprendre la mort de son beau-frère le capitaine Alexandre Rochery époux de sa sœur aînée Hermine. Bien qu'il ne soit pas décédé de faits de guerre, c'est en allant en Mer Noire où il avait trouvé un fret lié aux opérations que ce dernier a trouvé la mort à Constantinople le 2 août 1855. Il commandait le brick *Diligent* de l'armement briochin Boullé.

17. Ce sont des pompes à bras.

– Dunkerque, le 24 septembre 1855

À M. Derays

J'ai reçu votre lettre en date du 20 septembre et aussitôt je me suis occupé pour trouver le prix que coûterait le calfatage du pont et de la carène et le doublage du navire. On m'a dit qu'en doublant à la hauteur de onze ou douze pieds de zinc de première qualité, cela montera à environ trois mille cinq cent à quatre mille francs. Quant au fret, j'ai été voir tous les courtiers. Voici, à peu près, tous les frets qui sont sur la place :

– voyage pour aller à Bombay prendre un chargement avec faculté pour le capitaine de prendre un chargement pour l'aller :

Le Havre et Dunkerque : 155 F
Nantes et Bordeaux : 165 F

– voyage pour aller prendre du sucre au Brésil : 70 F

– voyage pour aller prendre un chargement au Havre pour (Trieste) : 40 F du chargement et un chargement de Trieste à Marseille : 30 F

Je cherche à trouver un chargement pour Saint-Malo mais je n'en trouve pas. J'ai, cependant, été chez Monsieur Sonville et Vital qui, vous m'aviez dit, avait proposé un fret pour Saint-Malo. Mais il n'y en a pas.

Voici la nouvelle que j'ai reçue de Cardiff ; c'est-à-dire les prix que l'on donne pour aller dans les ports suivants :

Pour Alexandrie :	26 chelins [18]
Barcelone :	29 chelins
Constantinople :	40 chelins
Mer noire :	50 chelins
Gênes :	25 chelins
Malte :	28 chelins et six pence
Malaga :	18 chelins
Smyrne :	31 chelins
Toulon :	35 francs

Avec tous ces prix, on m'a envoyé une charte-partie

Je crois que nous avons trouvé à peu près notre voie d'eau. C'était une cheville rouillée et renfoncée et un éclat dans le bout d'un écart. Pour la pompe, c'est le corps de pompe qui est usé et il faut par conséquent qu'elle soit (remoulue). Nous sommes passés amortis [19] pour notre déchargement.

18. Une curieuse façon d'écrire shilling.

19. Un navire est amorti lorsqu'il est échoué lors des marées de mortes-eaux. Il ne se remettra à flot que lors de l'arrivée de marées plus importantes.

Tout le monde est bien à l'exception de Monsieur Guinard qui a une très forte diarrhée qui lui dure depuis longtemps.

J'ai l'honneur d'être votre tout dévoué.

– Dunkerque, le 1er octobre 1855

À M. Derays

Je m'empresse de répondre à votre lettre et à toutes les questions que vous m'adressez.

1° Je ne trouve rien pour Saint-Malo et aujourd'hui je mets mon grenier à terre. Je ne vois aucun risque à envoyer le navire à Saint-Malo aussi, je vais lester le plus promptement possible pour m'y rendre.

2° Je crois que les réparations que nous avons à faire monteraient beaucoup plus cher au Havre.

3° En cas de malheur à la mer, je crois que le second pourrait ramener le navire dans un port mais, n'étant pas reçu[20], il ne pourrait pas être expédié de ce port.

4° Ceci, c'est à vous d'en juger.

5° Il faudrait, outre les réparations, plusieurs voiles neuves suivant le voyage que nous ferons.

6° Nous avons diverses choses à changer et à réparer.

7° Tous les hommes qui sont à bord veulent débarquer. Je ne sais si c'est à cause du prix. Ils voudraient le prix de la place.

8° Les hommes qui débarqueraient exigeraient la conduite[21] qui leur est due.

9° Bombay dont je vous ai parlé n'est pas en Amérique mais en Inde. Ce ne serait pas en coton mais en graines de lin et autres marchandises.

10° Je ne puis vous le dire : ce serait suivant les dispositions d'ensemble du navire.

11° On n'a pas pu me le dire car on pourrait… dans les réparations un autre navire pris.

12° Si nous mettons en réparation, ce serait une grande dépense mais plus petite que de garder un équipage à payer et à nourrir. Les hommes seront plus faciles à trouver à Saint-Malo que dans tout autre port. Ils

20. Le second n'a pas de diplôme. Il n'est ni maître de cabotage, ni capitaine au long cours.

21. Quand un marin est débarqué avant la fin de son contrat dans un port éloigné de celui d'embarquement, il peut réclamer à l'armateur le paiement des frais de rapatriement.

seront également moins chers à cause des retours de Terre-Neuve. Quant aux vivres pour le voyage, nous aurons un bien grand bénéfice à les faire à Saint-Malo car ici ils sont très chers. En ce qui concerne les deux hommes que j'ai pris à Marseille, je n'en suis pas très content mais ce sont des hommes qui ne sont pas habitués à la navigation dans ces régions-ci.

Après avoir lu votre lettre plusieurs fois et avoir bien pesé toutes les choses qu'elle contient, j'ai cru voir que votre intention était d'aller, autant que possible, à Saint-Malo. Voyant, du reste, dans ce choix un intérêt pour vous, je me décide à prendre du lest sans retard pour me diriger vers Saint-Malo le plus promptement possible. Nous avons environ vingt-cinq tonneaux de déficit dans la cargaison. Maintenant, je crois être en règle pour tout.

Tout l'équipage est bien.

J'ai l'honneur d'être votre tout dévoué.

– Dunkerque, le 14 octobre 1855

À M. Derays

J'ai l'honneur de vous annoncer mon départ qui, selon toutes apparences, va avoir lieu aujourd'hui. Nous avons eu beaucoup de mauvais temps depuis que nous sommes lestés et je ne me suis fait expédier que hier soir craignant que les vents ne deviennent forts pendant la journée du dimanche : c'est ce qui semble arriver.

Nous avons à bord deux stères de bois et environ trois pipes d'esprit. Voilà tout ce que j'ai pu trouver attendu qu'il y a plusieurs petits navires en charge dont les capitaines sont du pays même et qui connaissent les négociants. J'ai aussi à bord les commandes que vous m'avez demandées.

Je vous envoie, suivant vos ordres, les fonds qui ne me sont pas nécessaires qui se montent à quatre mille quatre cents francs en trois billets dont deux de mille francs et un de quatre cent francs.

Tout l'équipage est bien.

J'ai l'honneur d'être votre tout dévoué.

– Saint-Malo, le 25 octobre 1855

À M. Derays

J'ai l'honneur de vous annoncer mon arrivée en ce port. Nous y sommes entrés hier soir vers les cinq heures. Aussitôt, je me suis rendu chez Monsieur (Pagelet) courtier qui m'a remis une lettre de vous me disant de garder mon équipage. Vous devez savoir que le rôle est fini, que les hommes veulent débarquer et qu'il faut désarmer le rôle[22]. Une fois les hommes débarqués, ils quittent. Aussi je vous prie de venir à Saint-Malo au plus tôt afin de voir ce que j'aurai à faire pour le navire et que vous fassiez le marché pour l'achat du zinc et que vous donniez l'ouvrage. Moi, je tâcherai toujours de délester. Je vais aujourd'hui tâcher de me mettre en douane.

J'ai l'honneur d'être votre tout dévoué.

– Saint-Malo, le 8 novembre 1855

À M. Derays

Nous avons commencé lundi. Après la carène, nous avons fait les hauts de tribord sans chauffer comme vous me l'aviez dit. Mais nous avons été obligés de chauffer car on ne pouvait pas bien visiter les chevilles, les clous et les gournables[23] sans cela. Cela avance aussi pour les hauts du côté de bâbord mais le temps nous contrarie. Nous avons hier changé le navire de place. L'entrepont est presque tout démoli. Je pense que demain nous commencerons à enlever les barreaux d'entrepont qui doivent être retirés. Nous avons mis le pain et les voiles en magasin; les pompes, les compas ainsi que les ampoulettes[24] chez le poulieur.

J'ai aussi été chez le courtier pour lui demander s'il y avait quelque chose de nouveau pour les frets. Il m'a dit qu'ils baissaient. Ceux qu'il m'a présentés sont:

– pour un aller-retour au Rio Grande du Sud en prenant un chargement de sel à Cadix et en faisant retour au Havre avec un chargement en cuir salé; cent vingt-cinq francs par tonneau;

– pour aller à La Havane avec un chargement de charbon pris à Cardiff; 15 ou 16 chelins avec ensuite retour à Marseille; 85 ou 90 francs; pour Le Havre le chargement de retour est en sucre;

– prendre du charbon à Cardiff pour Rio de Janeiro à 26 chelins; (60) francs et dix pour cent pour un port de France.

J'ai l'honneur d'être votre tout dévoué.

22. Le *Saint-Brieuc* est désarmé à Saint-Malo le 25 octobre 1855. L'armateur manifeste encore une fois sa naïveté ou son ignorance: il est impossible de garder un équipage sans un nouveau contrat et donc sans la rédaction d'un nouveau rôle. Or un armement au cabotage se fait pour une durée maximale d'un an. Le *Saint-Brieuc* ayant été armé le 18 septembre 1854, il doit être désarmé immédiatement. Le désarmement étant effectué, le contrat correspondant au rôle est terminé. Des travaux importants vont donc être entrepris à Saint-Malo. Entre autres, le doublage en zinc de la carène.

23. Grande cheville solide qui sert à fixer les bordages du navire.

24. Une ampoulette est un sablier de loch.

– Saint-Malo, le 12 novembre 1855

À M. Derays

Je vous écris pour vous annoncer que les calfats ainsi que les gréeurs se sont mis en grève aujourd'hui. Les calfats veulent avoir quatre francs par jour et les gréeurs trois francs. Les charpentiers travaillent aujourd'hui quoique, ce matin, ils n'avaient pas très envie de le faire au même prix. Je ne sais si la situation va durer.

La journée des calfats est perdue aujourd'hui mais cela ne nous fait pas grand tort attendu que ce ne sera pas eux qui nous retiendront mais bien les charpentiers. L'entrepont est presque tout défait et presque tous les gabarits de courbe sont faits. On travaille à la forge sur les courbes en fer que nous devons mettre. La coueffe[25] devant sera d'une grande utilité car le navire a beaucoup fatigué et a (allongé) par cela même.

J'ai l'honneur d'être votre tout dévoué.

– Saint-Malo, le 13 novembre 1855

À M. Derays

Je vous écris pour vous annoncer que, comme vous deviez vous y attendre suivant ma dernière lettre, les charpentiers se sont aussi mis en grève. Ils veulent les mêmes conditions que celles auxquelles prétendent les calfats. Nous restons donc là, en travers, et cela nous fait beaucoup de tort. On ne travaille sur aucun des navires qui sont en réparation aujourd'hui. Dans les chantiers de construction, seuls travaillent les hommes qui sont à la tâche.

J'ai l'honneur d'être votre tout dévoué.

– Saint-Malo, le 24 novembre 1855

À M. Derays

J'ai vu Monsieur (Robrèche) et il m'a dit qu'il avait reçu une lettre dans laquelle on offrait 95 francs par tonneau de marchandise rendue sous palan[26]; pour le retour seulement. Ce dernier se ferait à Bordeaux, Nantes

25. C'est un petit pontage situé à l'avant du navire traversé par le mât de misaine.

26. Il existe différents types de contrats entre chargeurs ou affréteurs et armateurs selon que la marchandise est amenée à quai seulement, sous le palan ou à bord du navire. Dans chaque cas, les différentes opérations de manutention sont à la charge des uns ou des autres. Dans le cas qu'évoque Joseph Conan, le chargeur supportera les frais d'approche, de mise à l'aplomb de la marchandise sous le palan et d'accrochage. Le reste, hissage et descente à bord seraient au frais du navire et donc de l'armateur.

ou Le Havre. Quant à l'aller, il se ferait au compte du navire et se ferait avec un chargement de charbon si vous le vouliez : comme vous le savez, cela ferait diminuer les droits.

On aura 30 à 35 jours de planche les surestaries d'usage les fonds nécessaires au navire les [sommes] avance au navire à la [...] le navire ne [...] absolument aucun intérêt [...] l'assurance.

J'ai l'honneur d'être votre tout dévoué.

– Saint-Malo, le 23 décembre 1855

À Mme Lécuyer

Je n'ai pas fait vendre les effets de votre mari ni son coffre. Seulement une partie a été achetée par des hommes de l'équipage. Comme votre mari devait de l'argent à l'armement, j'ai retenu ce que les hommes devaient payer. Mais cela n'a pas suffi. En effet, votre mari m'avait déclaré que vous aviez reçu moins que vous n'avez reçu effectivement. Votre mari a été débarqué à Marseille et soldé. Je lui ai donné l'ordre de débarquer ses effets ainsi que tout ce qui lui appartenait. Alors, sur ce que m'ont dit les hommes de l'équipage, il a vendu à terre ce qu'il avait de meilleur et a dit à Derlot qu'il pouvait prendre le reste pour cinq francs. Ce dernier en a vendu pour dix-neuf francs et m'en a donné l'argent. Il s'est chargé de vendre le reste pour le montant de treize francs. J'ai donc reçu, en deux fois, la somme de trente-deux francs que j'ai portée sur le compte de l'armateur. Du reste, pour plus ample renseignement, vous pouvez parler à Javanan Auguste qui était matelot à bord, à Monsieur Joseph Guinard qui était lieutenant à bord. Tout deux demeurent à Dahouët et ont pu avoir connaissance de ces choses mieux que moi.

Si votre mari était mort à bord du navire, alors, j'aurais fait comme pour le pauvre malheureux Gauthier. J'aurais fait l'inventaire de son coffre comme cela se doit et je l'aurais porté au Bureau de la Marine pour vous être envoyé. Mais votre mari a été débarqué en qualité de mauvais sujet et envoyé au service. Alors, je ne me suis occupé de rien depuis qu'il a quitté le navire et je ne sais ce qu'il est devenu. D'ailleurs vous-même, sa femme, vous avez aussi été très longtemps sans savoir ce qu'il était devenu car vous m'en demandez des nouvelles.

J'ai l'honneur d'être votre tout dévoué.

Janvier 1856-octobre 1856
Première campagne au long cours

Le 5 janvier 1856, le navire est armé à Saint-Malo. Il doit d'abord aller chercher une cargaison de charbon au Pays de Galles.

Douze hommes d'équipage sont inscrits. Joseph Conan est assisté par le second Alfred Hareng domicilié à Saint-Malo. Julien Briend est maître d'équipage. Tous les autres hommes, sauf un novice, sont du quartier de Saint-Brieuc.

Pour ce grand voyage au Brésil, on a cru prudent d'adjoindre au capitaine un second, maître de cabotage, ayant navigué au long cours. On doit attendre beaucoup de son expérience En effet, curieusement, les deux hommes, malgré leurs diplômes différents, auront la même solde de 150 francs par mois. Le maître d'équipage aura, quant à lui, 110 francs par mois.

La solde des quatre matelots sera de 60 francs, celle des novices entre 35 et 45 francs. Celle du mousse de 25 francs par mois.

– Newport, le 19 janvier 1856

À M. Derays

J'ai l'honneur de vous annoncer mon arrivée en ce port où nous sommes entrés hier. Notre traversée a été très mauvaise. Nous avons été presque continuellement en cape. Nous avons perdu un petit foc et un petit hunier, chose qui n'est pas étonnante car nous sommes encore parmi les moins malheureux. Il y a des navires qui ont totalement perdu leur voilure.

J'ai été me présenter chez ce monsieur qui devait me fournir de l'argent afin de savoir s'il le ferait. Sur sa réponse négative, j'ai été chez le courtier de Londres afin d'avoir une réponse décisive et d'écrire à Monsieur Pagelet suivant la réponse qu'il me ferait.

J'ai l'honneur d'être votre tout dévoué.

– Newport, le ? janvier 1856

À MM. Burton et Edwards

J'ai l'honneur de vous annoncer qu'aussitôt mon arrivée dans ce port, je me suis présenté chez Monsieur le Capitaine Clarck pour lequel Monsieur Pagelet votre confrère de Saint-Malo m'avait donné une lettre d'introduction. Je lui ai demandé si, tenant compte des conventions qui ont été faites à ce sujet dont vous devez avoir connaissance, il me verserait les francs qui me sont nécessaires dans ce port. Sur la réponse du négociant, je viens vous prier de me dire où je dois m'adresser, dans ce cas, pour prendre les fonds dont j'ai besoin. Veuillez adresser ma lettre chez Monsieur John Rogers, courtier maritime à Newport.

J'ai l'honneur de vous saluer.

– Newport, le 26 janvier 1856

À M. Derays

J'ai l'honneur de vous annoncer que nous avons commencé à délester aujourd'hui ; chose que nous n'avons pas pu faire plus tôt n'ayant pas de place à quai pour cela. Il y a, en effet, beaucoup de navires à délester avant nous. Du reste, cela ne nous fait pas de tort attendu que nous ne pourrons commencer à charger qu'à la fin de la semaine prochaine du fait que, quand nous sommes arrivés, il y avait environ trois mille tonneaux à charger avant nous.

Ce port est très ennuyeux. On ne peut pour ainsi dire travailler au navire et il faut, à chaque instant, être à changer le navire de place. Hier, dans la journée, nous avons fait trois mouvements et, enfin, ce matin, nous avons mis à quai et nous délestons.

J'ai vu plusieurs peintres pour peindre la chambre mais ils me demandent un prix excessif. Aussi, je crois que nous partirons sans la faire peindre.

Notre équipage est composé, comme vous le savez vous-même, d'hommes très mous et nonchalants. Enfin, ce que nous avons de mieux, ce sont les deux novices de l'année dernière ; je crois que Nabucet, qui est à bord en qualité de novice, vaudra bientôt quelque chose car il a beaucoup de bonne volonté. Le mousse est un enfant et je ne sais pas ce que nous pourrons en faire. Enfin, en un mot, je suis très mal équipé et ces messieurs [1] et moi nous avons beaucoup de peine à les mener ; non pas parce qu'ils sont méchants

1. Le second Alfred Hareng et le maître d'équipage Julien Briend.

mais parce qu'ils sont presque incapables, une partie d'entre eux ne sachant pas faire le moindre ouvrage de matelot.

J'ai reçu vos ordres et je m'y conformerai. Nous travaillons tous les jours à nous installer du mieux possible. Nous peindrons quand nous aurons du beau temps car ici, nous avons tous les jours de la pluie. J'achèterai de la peinture ici quoiqu'elle soit beaucoup plus chère qu'en France. Mais il en faut pour conserver le bois du navire. Le coltar[2] qui est sur le zinc s'enlève partout et cela fait un très mauvais effet. Aussi, je doute que j'en remette à moins toutefois que vous le décidiez absolument.

Le courtier de Londres m'a répondu de prendre l'argent chez Monsieur Rogers qui m'a dit qu'il m'en fournirait au compte de ce monsieur.

Tout l'équipage est bien portant.

J'ai l'honneur d'être votre tout dévoué.

– Newport, le 6 février 1856

À M. Derays

Je vous écris pour vous annoncer que nous avons commencé à charger hier. Je pense que nous finirons demain. Nous avons aujourd'hui un coup de vent épouvantable : il fait très mauvais temps. Cependant, ce matin et hier, nous avons chargé environ deux cent tonneaux.

J'ai été obligé d'acheter ici des pièces à eau[3] attendu qu'une grande partie de notre eau a été perdue. Il ne serait pas prudent de partir avec seulement ces barriques parce qu'elles coulent presque toutes et, pour ainsi dire, partout. Je n'ai pas reçu de lettre de vous depuis celle qui me donnait vos ordres.

Nous travaillons toujours à nous installer le mieux possible mais cela va lentement attendu qu'il faut, à chaque instant, déranger les hommes de l'ouvrage pour faire un mouvement ; ce qui est très ennuyeux. Nous avons à peu près fini le navire à l'extérieur mais sa peinture est très abîmée : cela, cependant, couvrira le bois et le conservera.

Je ne vous ai pas écrit plus tôt n'ayant rien de nouveau à vous dire. Je pense, dans ma prochaine lettre, vous annoncer mon départ.

J'ai vu plusieurs courtiers pour trouver un fret de retour mais je n'ai rien trouvé de convenable : je trouve à peine cinquante-cinq francs. Cependant,

2. L'adhérence du coaltar est beaucoup moins bonne sur le zinc que sur le bois.
3. Tonneaux ou barriques.

j'attends tous les jours de vous une charte-partie qui me donne un retour avantageux, comme vous me l'aviez promis à mon départ de Saint-Malo.

Tout l'équipage est bien.

J'ai l'honneur d'être votre tout dévoué.

– Newport, le 9 février 1856

À MM. Burton et Edwards

J'ai l'honneur de vous prévenir que ce jour j'ai fait une traite sur vous pour la somme de quatre-vingt-onze livres quatre chelins et six pence attendu qu'il a fallu payer deux livres quatre chelins et six pence de commission. Cette traite est à un mois de date comme vous me le disiez. Je pense, Monsieur, que vous ne porterez pas sur le compte cette commission vu que vous deviez, suivant accord entre Monsieur Pagelet et moi, me compter ces fonds en payant seulement l'assurance.

Nous avons, suivant connaissement[4], trois cent onze tonneaux à bord mais je crois en avoir davantage. Aussi, j'ai fait un protêt[5] afin de peser au lieu du déchargement. J'ai signé mes connaissements sous protêt.

J'ai l'honneur d'être votre tout dévoué.

– Newport, le 10 février 1856

À M. Derays

Je vous écris pour vous prévenir que nous sommes prêts à partir au premier temps favorable. Nous avons, suivant le connaissement, trois cent onze tonneaux à bord. Mais je pense qu'il y en a d'avantage. J'ai fait un protêt afin qu'arrivé au port de destination, on pèse le chargement. Nous n'avons, en effet, pas besoin de porter une vingtaine de tonneaux pour rien car les dépenses ici sont très fortes comme vous pouvez le voir dans mon livre de compte ci-joint. Il parait que cette compagnie, quoiqu'on vous ait dit, n'est pas très loyale puisque tous les navires qui chargent pour elle se trouvent presque tous dans le même cas que nous.

J'ai fait une traite sur Messieurs Burton et Edwards pour 91 livres 4 chelins et 6 pence.

4. Déclaration qui donne la quantité et la nature des marchandises embarquées sur un navire.

5. Acte officiel constatant par exemple le refus d'acceptation de la déclaration précédente.

J'ai pris l'argent, en ce port, chez Monsieur Rogers courtier avec autorisation de ces messieurs.

Je n'ai pas encore reçu de lettre de vous depuis vos ordres.

Tout l'équipage est bien.

J'ai l'honneur d'être votre tout dévoué.

– Rade de Cardiff, le 14 février 1856

À M. Derays

Nous sommes sortis hier matin de Newport à la remorque du bateau à vapeur car, il était temps, si nous ne voulions pas payer de nouveaux droits de dock. En plus, les vents étaient de la partie du sud est ce qui devait, une fois en dehors de la rivière, nous faire sortir de cette Manche de Bristol. Mais, les vents ayant changé et le temps ayant mauvaise apparence, nous avons mouillé sur la rade de Cardiff.

Vous me parlez des malheurs arrivés dans la Méditerranée et dans le Détroit. Ces côtes-ci ne sont pas plus heureuses car il y a eu, ici aussi, beaucoup de sinistres. Dans la nuit du huit, deux grands navires américains se sont perdus près de Caldy[6] : sur trente-deux hommes, trois seulement se sont sauvés. Deux petits navires français se sont également perdus près de Lundy[7].

Nous sommes ici beaucoup mieux qu'à Newport attendu que nous n'avons plus à descendre cette rivière qui est tout à fait tortueuse et, par conséquent, nous sommes mieux en appareillage.

Tout l'équipage est bien.

J'ai l'honneur d'être votre tout dévoué.

– Bord du Saint-Brieuc, le 16 février 1856

À M. Derays

J'ai l'honneur de vous annoncer mon départ d'aujourd'hui. Je vous écris par le pilote. Au moment où nous allions appareiller, le pilote est monté à bord. J'ai voulu refuser mais il m'a montré son règlement. Par conséquent, j'ai été forcé de le prendre sans pouvoir tenter un marché avec lui. En effet, tous les bâtiments qui vont au long cours sont forcés de prendre un pilote sous peine de payer un double pilotage et une amende de dix livres sterling.

6. Petit port situé sur la mer d'Irlande dans la péninsule de Wirral, proche de Liverpool qui était alors très fréquentée par les caboteurs bretons.

7. Petite île au nord de la Cornouaille anglaise à la sortie du Canal de Bristol.

Nous partons avec une apparence de beau temps : je ne sais si cela durera. Nous avons une petite brise de l'est qui, si elle veut durer, nous mettra bientôt en belle eau et à même de ne pas relâcher.

Je vous avais bien dit que si nous avions des avantages pour ce port, c'est qu'il y avait plus de dépenses. Vous savez par ma lettre la manière avec laquelle cette fameuse compagnie *Royal Mills* s'est comportée à notre égard. Du reste, c'est la même chose avec tous et ce ne sera qu'avec de grands avantages que je reviendrai dans ce port.

Tout l'équipage est bien.

J'ai l'honneur d'être votre tout dévoué.

– Rio de Janeiro, le 14 avril 1856

À M. Derays

J'ai l'honneur de vous annoncer mon arrivée en ce port.

Dans une lettre en date du (12), vous me disiez que nous devions trouver tout pour presque rien. Au contraire, ici tout est excessivement cher et revient au poids de l'or : le pain et la viande se vendent huit sols la livre.

Le biscuit que nous avons pris à Saint-Malo était de très mauvaise qualité, rempli de sable et de fécule de pois. Aussi, est-il presque tout gâté. Je vais, un de ces jours, faire passer une commission pour me mettre en règle car les hommes ne veulent pas en manger. Il a, effectivement, une grande partie qui est toute moisie. Je vous avais dit que pour les voyages dans ces contrées, il fallait du pain de première qualité.

Nous avons eu une traversée belle pour le temps mais le navire ne marchait pas et je ne sais ce qui le retenait.

J'ai demandé ici quels étaient les frets sans cependant avoir encore pu m'informer de manière certaine. Cependant, on m'a dit que les affaires étaient en stagnation. Il y a des navires qui sont depuis longtemps en charge et qui n'en finissent pas.

L'équipage ne se fait pas et j'ai, du reste, pour le mener un second qui ne dément pas la réputation que vous lui connaissez. J'ai déjà eu avec lui plusieurs discussions et même de très fortes.

Je n'ai pas reçu de lettre de vous ici. Je pense, dans ma prochaine lettre, vous donner plus amples détails sur le pays car jusqu'à maintenant, je n'ai pu voir personne : le samedi, les négociants étaient partis à la campagne, le dimanche, il n'y avait personne et ce matin, ils n'étaient pas arrivés.

Tout l'équipage est bien.

J'ai l'honneur d'être votre tout dévoué.

– Rio de Janeiro, le 17 mai 1856

À M. Derays

Je n'ai pas encore eu de nouvelles de vous. Je vous annonce que j'ai affrété le navire pour Marseille à 58 francs du tonneau de mille kilogramme. C'est bien peu quoique l'on me dise que je devrais être content par les temps qui courent. Cependant, c'est moins que ce que vous avez refusé à Saint-Malo, pensant trouver mieux ici.

Nous allons commencer à charger lundi et je pense ne pas rester longtemps ici. J'ai bonne envie que la campagne soit terminée car elle me pèse. Nous avons presque continuellement trois ou quatre hommes à l'hôpital. Cependant, personne n'est encore mort.

Je vous envoie une partie de mon fret en papier sur Paris comme vous avez paru le désirer. J'ai eu pourtant assez de peine à trouver cet argent et je ne sais même pas si j'aurai assez du restant pour payer les frais du navire. Mais il fallait cela sinon je n'aurais pu l'envoyer en France.

Quant aux coquillages que vous m'aviez demandés, je n'en ai pas trouvé ici.

J'ai l'honneur d'être votre tout dévoué.

– Rio de Janeiro, le 29 mai 1856

À M. Derays

J'ai l'honneur de vous annoncer notre départ de ce port pour Marseille. Je n'ai pas reçu de vos nouvelles. Je joins à ma lettre le deuxième modèle de la traite que vous devez avoir déjà reçue.

Tout l'équipage est bien. Je vous prie de le faire savoir à la maison ainsi que chez Monsieur Hareng et chez le père Briend. Je vous prie de leur faire savoir aussi l'époque de notre départ. Nous sommes tous en bonne santé.

Notre chargement et notre départ précipité, avec l'ouvrage que nous avons eu, nous ont empêché de pouvoir écrire. Pour le chargement[8], nous sommes en concurrence avec d'autres navires qui vont comme nous à Marseille.

J'ai l'honneur d'être votre tout dévoué.

8. Il s'agit d'une cargaison de café à destination de Marseille. La location du navire va tout de même rapporter 18 935 francs à l'armement (cf. comptes).

– Malaga, le 23 août 1856

À M. Derays

J'ai l'honneur de vous annoncer ma relâche sur cette rade où nous sommes arrivés en manquant d'eau. Nous nous sommes trouvés à cours par suite de la mauvaise qualité des barriques: sept ont été perdues.

Notre traversée a été très longue. Nous avons eu presque toujours calme ce qui a empêché le navire de marcher. Il est maintenant très sale.

Nous avons sauvé à la mer une pièce de bois de laquelle nous avons fait un mât de hune.

Tout l'équipage est bien.

J'ai l'honneur d'être votre tout dévoué.

– Port du Frioul, le 14 septembre 1856

À M. Derays

Nous sommes arrivés le 12 après une traversée que le calme a rendu longue. Nous n'avons pu entrer à Marseille vu la quantité de navires qui se trouvent dans ce port. On force les navires arrivants à se mettre au Frioul et l'on entre dans le port chacun à son tour d'inscription. Je pense que notre tour n'arrivera pas avant une douzaine de jours car tous les navires y sont restés jusqu'à aujourd'hui de dix à quinze jours.

Aussitôt mon arrivée, après avoir eu la visite de la santé, j'ai été débarquer le passager qui nous avait été embarqué par le Consul aux frais du Gouvernement. À l'instant du départ, j'ai été chez Monsieur Blanc qui avait reçu une lettre de vous et qui, aussitôt, vous a écrit sur notre arrivée.

Quand je suis revenu à bord le lendemain, j'ai eu encore une autre chicane avec Monsieur Hareng qui était à peu près saoul. Enfin, ne pouvant plus y tenir, je l'ai débarqué et soldé suivant le rôle. Si vous avez avancé des fonds à sa famille, vous devez les lui réclamer car il n'était pas porté sur le rôle qu'il déléguait à sa famille. Toute la traversée du retour a été un véritable enfer. Plusieurs fois je l'ai vu saoul à ne pas pouvoir bouger. Étant de quart, la nuit, plusieurs fois je l'ai trouvé endormi et quand je lui faisais une observation, il me disait des sottises. Enfin, Monsieur, il n'a pas démenti la réputation que vous lui connaissez[9].

9. La description que fait Joseph Conan de son second n'est probablement pas exagérée. Alfred Hareng sera interdit de commandement en 1861 après avoir, en état d'ivresse, fait échouer le vapeur dont il avait le commandement.

Ci-joint, le reçu de l'argent que je lui verse; signé de lui. En ce qui me concerne, pour l'argent que je lui ai payé, j'ai le rôle qui fait foi. Je pense qu'à présent le navire va être tranquille attendu qu'il mettait même le trouble dans l'équipage. Souvent, quand j'arrivais à bord, il fallait mettre la paix ce qui m'entravait beaucoup pour faire mes affaires à terre.

Nous avons (4415) sacs de café à cinquante-huit francs les mille kilogrammes mais je ne sais pas combien cela peut me donner de tonneaux [10] attendu que je ne réponds que du nombre de sacs. De plus, je dois être payé suivant le poids livré à Marseille et non, comme en Angleterre, suivant le poids que l'on dit être à bord au départ. Quoique ayant fait un protêt en Angleterre, il a fallu en passer par les conditions de la charte-partie. Aussi, Monsieur, vous devez savoir la quantité de charbon que nous avions: je vous l'ai écrit dans une lettre en date du 10 février 1856.

Si je n'ai pas relevé Hareng de ses fonctions à Rio de Janeiro, ce n'est pas par crainte de la maladie mais bien parce que je ne trouvais pas d'avantage à le relever et que la discorde avait déjà commencé à bord. D'ailleurs, vous savez que, suivant la loi, on ne peut débarquer un homme en pays étranger à moins de le faire rapatrier; ce qui est très coûteux. En plus, il y avait la difficulté à trouver d'autres hommes.

Quant aux frets, je n'ai pas eu encore le temps de m'en occuper mais j'ai vu des capitaines et Monsieur (Plume) qui a dû vous écrire à cette occasion. Ils m'ont dit qu'il n'y avait rien pour le moment. Enfin, j'ai vu (Brené) de Saint-Malo qui charge pour les environs de chez nous à 15 francs par tonneau.

Si vous avez un second à m'envoyer, faites le venir le plus tôt possible ou dites-moi de m'en chercher un dans ce pays. Si vous m'en envoyez un, faites, je vous prie, que ce soit un homme dans lequel je puisse avoir confiance quand je suis à terre. Répondez-moi à cet égard le plus tôt possible.

C'est à vous, Monsieur Derays, de juger si vous croyez votre présence ici nécessaire oui ou non. Votre présence me fera plaisir. Je pense que ce sera toujours Monsieur Babaton qui sera le consignataire du navire pour la sortie attendu que, au terme de la charte-partie, c'est le réclamateur du chargement qui est le consignataire à l'entrée.

Tout l'équipage est bien à l'exception de Jouyaux qui est indisposé et de Catros qui a mal à la jambe.

J'ai l'honneur d'être votre tout dévoué.

---

10. Le nombre de tonneaux est effectivement difficile à évaluer mais, par la suite, le poids sera connu avec précision: 326475 kilogrammes.

– Marseille, le 20 septembre 1856

À M. Derays

J'ai eu votre lettre en date du quinze courant ainsi que l'acte de francisation [11] du navire. Vous avez dû recevoir ma lettre vous annonçant mon arrivée et vous donnant toutes les explications que vous me demandez tant pour le navire que pour le second. Je ne vous avais pas donné le poids qui est de vingt-deux mille soixante-quinze arrobes [12].

Nous sommes ici au Frioul en attendant notre tour pour entrer. Il y a encore plus de cent navires qui doivent venir dans le port avant nous. Aujourd'hui, il fait très mauvais temps et je ne pense pas qu'ils puissent faire sortir aucun navire et, par conséquent, en faire entrer d'autres. Quant au fret, je m'en occupe autant que possible mais je suis obligé d'aller très souvent au Frioul où est le navire pour voir ce qui s'y passe.

J'ai été, l'autre jour, chez le réclamateur du chargement et il ne m'a rien offert. Vous ne me dites pas si le chargement de sel que Monsieur (Ochinger) vous dit de lui envoyer est pour votre compte ou combien il vous offre par tonneau pour le porter. Quant aux frets de retour, que les journaux cotaient à 80 F, je n'ai vu personne s'affréter à ce prix. Il y a même eu un grand navire qui a été offert à 45 F pour Marseille mais on l'a trouvé trop grand. Je tiens cela du capitaine lui-même qui est parti pour Bourbon. Je crois, du reste, avoir fait mon possible pour faire au mieux de vos intérêts. Je vais écrire à Monsieur (Tranchant) à Toulon pour voir ce qu'il a à m'offrir.

Je suis ici obligé de débarquer tout mon équipage puisqu'il faut que je change de rôle [13]. Du reste, c'est une économie, car ici les vivres sont très chers et, au lieu de diminuer, ils augmentent. De plus, une grande partie d'entre eux ne me convient pas. Quant à Briend, il veut bien rester si le navire va dans le nord mais il dit qu'il est trop vieux pour faire des voyages aussi longs et que les grandes chaleurs le gênent. Cependant, il restera tant qu'on aura besoin de lui ici.

Comme vous ne m'aviez chargé de rien vous acheter, je ne me suis pas permis de le faire.

Tout l'équipage est bien.

J'ai l'honneur d'être votre tout dévoué.

---

11. Attestation d'immatriculation d'un navire provenant du port auquel il est rattaché.

12. Mesure de poids d'origine espagnole. Elle équivaut à 12 à 15 kg.

13. Contrairement au cabotage, chaque campagne au long cours quelle que soit sa durée, doit être suivie du désarmement et donc de la fin du contrat pour l'équipage. Le rôle est annulé et il faudra attendre un nouvel armement pour en rédiger un nouveau.

– Marseille, le 24 septembre 1856

À M. (Branchard), courtier à Toulon

J'ai reçu une lettre de mon armateur, Monsieur Derays, me disant que vous lui aviez proposé d'affréter son navire que je commande; le *Saint-Brieuc* de Saint-Brieuc. Aussi, Monsieur, je viens vous prier de me dire quels sont les frais [14] et les conditions que vous auriez à nous offrir pour le Brésil ou pour autre part.

Monsieur, en attendant votre réponse, j'ai l'honneur de vous saluer.

– Marseille, le 4 octobre 1856

À M. Derays

J'ai reçu votre lettre du 29 septembre dans laquelle vous me dites que vous avez engagé un second ainsi que Joseph Guinard pour maître et lieutenant. Je vous prierais de les envoyer le plus tôt possible. Vous savez, comme je vous l'ai dit, que Briend ne veut pas retourner dans les pays chauds. Pour les novices que vous me dites de garder je vous signale que deux ont été pris pour le service. Quant aux autres de l'équipage, ils n'ont pas voulu rester à bord, pas même le mousse.

Nous sommes entrés dans le port dimanche après-midi. Lundi, quand j'ai été mettre mon rôle au Bureau, le Commissaire m'a dit de faire dépenser la revue [15] le lendemain. C'est ce que j'ai fait: je les ai tous payé à l'exception de Briend qui, je pense, prendra sa solde chez vous. C'est lui qui fait ici le service de gardien et qui veille sur le navire en attendant qu'il soit remplacé. J'ai retenu l'argent aux hommes suivant les reçus que vous m'avez envoyés. Je trouverai le reste de l'équipage aussitôt que j'aurai affrété et que le navire sera prêt. Le prix des matelots ici est de cinquante francs; pour les novices de trente-cinq à quarante francs et pour les mousses de vingt-cinq francs.

J'ai été chez le réclamateur du chargement et il m'a dit qu'il n'y a rien pour Rio de Janeiro attendu le service régulier des bateaux à vapeur qui se fait entre Marseille et ce pays: il n'y a donc pour ainsi dire pas de frets et ils ne valent pas grand-chose. On m'a parlé d'un fret à (95) francs par tonneau aller-retour pour aller porter des marchandises à Sainte Croix de

14. Le mot est ainsi écrit dans la lettre mais on peut, en l'occurrence se demander s'il n'y a pas confusion entre frais et frets.

15. Quand un navire est désarmé, le capitaine doit « dépenser la revue » en soldant les hommes d'équipage dont le contrat s'arrête.

Ténérife et, de là, aller prendre un chargement à Porto Rico pour revenir à Marseille. On m'a proposé un fret à 60 chelins pour aller prendre du café à Saint-Domingue et aller le porter en Angleterre en me laissant la possibilité d'affréter pour un port sur la route mais je n'ai pas encore pu trouver pour y aller. Je crois que l'on donne vingt francs par tonneau pour la Martinique. Il y en avait un autre à (95) francs pour prendre du campêche[16] dans le Golfe du Mexique mais il fallait charger en partant de Marseille et aller compléter le chargement dans deux ports d'Espagne : je ne l'ai pas trouvé avantageux et j'ai refusé.

Nous n'avons pas encore de vérificateur pour décharger et l'on ne sait quand on pourra nous en donner. Peut-être mercredi ou jeudi prochain. Après cela, il faudra que le gouvernement nous donne une place. Et il y a de nombreux navires.

Quant à Monsieur Hareng, je lui ai dit que je n'aurai pas réclamé la somme aux hommes attendu que je ne voulais avoir aucun compte avec lui. Là-dessus, il m'a dit qu'il aurait chargé quelqu'un de la réclame quand on les débarquerait. Du reste, il n'a pas donné la note comme il vous l'a dit.

Je suis très content que la *Marie-Victoire* a fait bonne pêche. Un navire est arrivé ici dimanche dernier chargé de morues. Il est déchargé de sa morue presque toute vendue. Jusqu'à présent, elles sont à 26 F sur ce que le capitaine m'a dit.

J'ai l'honneur d'être votre tout dévoué.

Le 7 octobre le Saint-Brieuc *est désarmé à Marseille.*
Il lui faut chercher un nouvel équipage pour le prochain armement et un fret.
À partir de maintenant commence vraiment la préparation
de la prochaine expédition au long cours.

16. Bois exotique dur originaire d'Amérique tropicale dont on peut extraire une matière colorante rouge-violette.

Octobre 1856-novembre 1857
Deuxième campagne au long cours

– Marseille, le 11 octobre 1856

À M. Derays

J'ai reçu votre lettre dans laquelle vous me dites que vous m'envoyez des marins. Je trouve drôle que le mousse ait pu lui avoir dit de rester à bord. Il avait voulu s'en retourner parce qu'il avait été malade dans les pays chauds et il se serait réengagé. C'est une promenade qu'il aura faite au pays pour laquelle vous lui aurez payé la moitié des frais.

Nous avons avantage à ne pas avoir eu ici d'équipage car, depuis que nous sommes dans le port sans pouvoir avoir de vérificateur pour décharger et savoir quand nous en aurons, nous avons fait une économie tant pour la nourriture que pour les soldes ; plus que cela nous coûtera pour décharger. De plus, nous serons prêts plus tôt.

J'ai communiqué le post-scriptum de votre lettre à Monsieur Blanc qui n'a pas reçu la lettre que vous avez dû lui écrire. Après cela, il a dû, aujourd'hui, vous envoyer une dépêche télégraphique pour vous présenter un fret. Il n'a pas reçu non plus de lettre du courtier de Nantes. Aussitôt que ces messieurs auront reçu vos ordres, je m'y conformerai pour le fret puisque c'est eux que vous en avez chargés.

Le fret du Mexique dont je vous avais parlé l'autre jour a monté de dix francs par tonneau et personne n'en veut. Cependant, ces messieurs me disaient que je faisais une bonne affaire. À cette époque, la saison dans laquelle nous entrons est mauvaise pour le Golfe du Mexique à cause des coups de vent de sud qui sont furieux et qui frappent droit en côte. Vous seriez obligé de payer une surprime d'assurance pour le navire dans ce pays.

Veuillez bien croire, Monsieur, que je suis ici pour me charger de vos intérêts et que je m'en occupe avec conscience.

J'ai l'honneur d'être votre tout dévoué.

– Marseille, le 19 octobre 1856

À M. Derays

J'ai reçu votre lettre par le second et par la poste mais j'attendais, pour vous répondre, que vous ayez répondu à la dépêche que le courtier vous a écrite. J'attends de vous, suivant ce que vous lui dites, une charte-partie.

Les affaires ici ne vont pas. Nous avons commencé à décharger et je pense que nous terminerons, si le temps ne nous contrarie pas, dans les premiers jours de cette semaine. On continue à finir d'installer la chambre et on va la peindre dans la couleur que vous aviez dit. J'ai été obligé de faire calfater la dunette et de faire refaire la cuisine qui était tout à fait démolie car elle avait été mal faite avec de mauvais matériaux. J'ai fait remastiquer le roufle [1] car tout cela s'était ouvert et il y avait tout le tour du dehors qui n'était pas calfaté.

J'ai donné au père Briend un billet pour que sa femme touche la solde de ce qui lui revient. Il est embarqué à bord d'un navire de Saint-Malo qui va prendre du sel à Hyères pour Rouen. Monsieur Guinard travaille à bord aux voiles.

Je vous prie de me donner des ordres positifs afin qu'il n'y ait pas d'ambiguïtés et que nous soyons le moins possible retardés. Aussitôt que nous aurons une destination, je compléterai l'équipage.

J'ai l'honneur d'être votre tout dévoué.

– Marseille, le 23 octobre 1856

À M. Derays

J'ai reçu votre lettre en date du 19 courant et je m'empresse d'y répondre. Vous me dites que tous les longs courriers prennent des frets. Quoi qu'il en soit, Monsieur, je me suis enquis auprès de messieurs les courtiers. Mais, comme dans la lettre que vous avez écrite à Monsieur Blanc et à moi vous disiez que vous étiez en train d'affréter le navire, nous avons cru ne pas pouvoir agir. En effet, quand on refuse un fret, s'il est le moindrement bon, il n'y a plus rien le lendemain quand on retourne : il a été pris par d'autres.

1. Roufle ou rouf. C'est une superstructure bâtie sur le pont supérieur.

Aussi, je vous prie de me donner l'autorisation ainsi que des ordres positifs sans quoi nous ne pourrons pas en finir.

Nous avons fini de décharger hier et nous avons livré 326 475,5 kg, poids reconnu par la douane et le peseur juré[2].

Notre zinc est très sale et je ne sais si nous ne serons pas obligés d'abattre[3] pour le nettoyer. Monsieur (Plume) n'a pas encore reçu la lettre que vous m'annoncez lui avoir écrite.

Tout le monde est bien.

J'ai l'honneur d'être votre tout dévoué.

– Marseille, le 26 octobre 1856

À M. Derays

Je reçois votre lettre du 22 octobre et je m'empresse d'y répondre. Pour le fret de Pernambouc[4], il est pris. Le fret de Cadix à La Plata pourrait vous convenir attendu que je pense que dans ce pays, il y a ordinairement des retours. Mais il y a encore une différence entre Buenos-Aires et Montevideo. Pour le fret de Rio Grande[5], je ne sais pourquoi vous m'en avez parlé car il est impossible pour nous attendu que le navire ne peut aller dans cet endroit vu son tirant d'eau. Pour le reste de votre lettre, je m'y conformerai autant que possible. Il n'y a rien ici et j'attends de vous une charte-partie. Quant au reçu de la somme de 150 F de la femme de Monsieur Hareng, vous ne me l'avez pas envoyé.

J'ai l'honneur d'être votre tout dévoué.

– Marseille, le 1er novembre 1856

À M. Derays

Je reçois à l'instant votre lettre du 29 octobre qui me dit que vous allez m'envoyer une charte-partie pour Montevideo ou Buenos-Aires. Vous savez que le navire chargé tire treize pieds et demi d'eau. Je crois que vous auriez mieux fait de prendre votre sel à Cadix plutôt qu'à Lisbonne parce que, si ces deux ports sont hors du détroit, seule Cadix se trouve sur la route et

2. Connaissant le poids de la cargaison de café, nous savons maintenant qu'elle était composée de 4 415 sacs d'environ 74 kilos chacun.

3. Abattre ici, c'est, étant à flot, forcer le navire à s'incliner sur son flanc de façon à faire apparaître la carène pour un entretien quelconque.

4. Actuellement Recife au nord est du Brésil.

5. Le port principal de la région du Rio Grande est actuellement Natal.

qu'il faudra remonter au nord pour aller à Lisbonne. Cela nous dérangera beaucoup car il y a plus de frais qu'à Cadix.

Je vais tâcher de m'enquérir ici du fret pour le retour et, s'il s'en présente un d'acceptable, je le prendrai et vous en donnerai connaissance. Sinon, nous attendrons à en prendre un là-bas ou bien nous ferons quelques petits voyages intermédiaires car, suivant ce que j'ai vu du second, je n'aurai pas les désagréments du dernier voyage et, je vous prie de le croire, je n'ai pas peur de la maladie.

Je vais me presser de disposer le navire pour le départ et, aussitôt que les affaires seront réglées, je vous expédierai le restant du fret suivant vos ordres. Vous savez qu'il faudra m'envoyer la charte-partie et non le double.

Tous les hommes que vous m'avez envoyés sont bien.

J'ai l'honneur d'être votre tout dévoué.

– Marseille, le 8 novembre 1856

À M. Derays

J'ai reçu votre lettre en date du 4 courant et je m'empresse d'y répondre. Je n'ai pas reçu la charte-partie que vous m'annonciez dans votre lettre du 23 octobre. Vous avez dû voir la quantité de mille kilogrammes livrée et vous savez que nous avons 58 F par mille kilogramme ce qui fait 189 135 F 55. Je lis toutes vos lettres attentivement et je m'y conforme. Aussitôt que j'aurai payé partout, je vous enverrai les comptes. Je ne m'occuperai plus pour l'affrètement de retour.

Nous sommes lestés et nous allons embarquer nos vivres lundi ou mardi si c'est possible. Nous avons, aujourd'hui, notre équipage complet mais je ne les ai pas encore passés au bureau afin d'économiser leurs vivres et leurs gages. Cela servira à payer en partie les ouvriers. Pour les vivres, il faut qu'ils soient bons afin qu'il ne nous arrive pas, comme à Rio de Janeiro, d'être obligés d'en prendre d'autres à cause de leur mauvaise qualité, comme cela est arrivé pour le pain. Je ne prendrai, en vin et en eau, que la quantité voulue pour aller à Lisbonne car le navire est plein partout et une partie des (amarres) est même sur le pont.

J'ai l'honneur d'être votre tout dévoué.

– Marseille, le 18 novembre 1856

À M. Derays

Ci-joint, la copie de la charte-partie que je n'ai pu avoir qu'à l'instant. C'est pourquoi je m'empresse de l'envoyer. Vous me dites que l'on vous a offert (37 F 50) pour le même fret pour prendre à Cadix. Je crois que le fret d'ici est meilleur attendu que les frais dans nos pays sont moins forts qu'en Espagne et que nous serons plus sûrs de ce que nous ferons. En effet, nous pourrons suivre les affaires en sachant parler la langue. De plus, nous avons une charte-partie française et non anglaise ce qui, souvent, donne des ambiguïtés sur la valeur des mots.

Nous devons charger aux vieux salins d'Hyères. Suivant ce que l'on m'a dit, je ne pourrai partir que dans le commencement de la semaine prochaine pour Hyères attendu les formalités à remplir pour le navire, pour la poste et pour les dépêches à l'étranger. Il n'est pas marqué que l'on nous fasse des avances mais on me l'a promis. Je pense que vendredi nous embarquerons notre biscuit et autres provisions. Pour le vin, je ne sais pas encore si je le prendrai à Marseille ou à Hyères : je m'en informe toujours.

Mon équipage est fait et tout le monde se porte bien. Ces messieurs ont l'air d'être contents et me disent que les hommes sont capables et doux. Aussi, j'espère faire un voyage plus agréable que l'année dernière et, qui plus est, Monsieur Barbedienne me secondera bien si cela continue : j'en suis content.

J'ai l'honneur d'être votre tout dévoué.

Le Saint-Brieuc *est réarmé à Marseille fin novembre et expédié pour La Plata. En fait, il ira en face, à Montevideo. La composition de l'équipage est la suivante : Joseph Conan : capitaine, 150 francs par mois ; Alexis Barbedienne : second, 150 francs par mois ; Joseph Guinard : lieutenant et maître d'équipage, 70 francs par mois ; Auguste Duclair : cuisinier, 55 francs par mois ; Joseph-Marie Barbedienne : matelot, 50 francs par mois ; Paulet : matelot, 50 francs par mois ; Dimingo Da Sylva : matelot, 50 francs par mois ; Étienne Petitcard : matelot, 50 francs par mois ; Joseph Sélo : novice, 40 francs par mois ; Gustave Héron : novice, 40 francs par mois ; Sébastien Barbedienne : novice, 25 francs par mois ; Matthieu Cardin : mousse, 20 francs par mois.*

– Marseille, le 29 novembre 1856

À M. Derays

J'ai l'honneur de vous annoncer mon départ de ce port. Nous avons eu ici beaucoup de mauvais temps et nous avons même fait des avaries à un autre navire car nous avons cassé nos amarres par la force de ce mauvais temps. Nous, nous avons eu peu d'avaries et cela est réparé. Il y a eu plusieurs navires qui ont fait des avaries assez graves. Entre autres, l'*Alexandre* a eu plusieurs jambettes[6] de cassées.

J'ai été obligé de faire plusieurs bons au fournisseur, payables chez Monsieur Babaton car je n'avais pas assez d'argent pour tout payer. J'ai pris la toile chez Monsieur Durand comme vous me l'aviez dit mais, comme il n'avait pas de toile de [...] convenable, il m'a fallu la payer.

Je joins à ma lettre les comptes depuis Newport jusqu'au départ de Marseille.

Tout l'équipage est bien et a l'air bien tranquille. Ils paraissent bien s'occuper et être de bonnes gens.

J'ai l'honneur d'être votre tout dévoué.

– Rade d'Hyères, le 4 décembre 1856

À M. Derays

J'ai l'honneur de vous annoncer mon arrivée sur cette rade. Nous sommes partis de Marseille le 2 au matin, remorqués par le bateau à vapeur craignant d'être encore retardés par le mauvais temps.

Ici, nous avons encore eu un coup de vent épouvantable qui a duré deux jours. Il y a eu de très grandes avaries dans le port de Marseille. Entre autres, un grand trois-mâts américain a démâté de son mât d'artimon et a cassé son beaupré. Dans le port, on n'entendait que des craquements de navires. Il y en a très peu ici qui n'aient pas eu d'avaries. Nous sommes de ceux qui n'en ont pas eu quoique le navire ait un peu fatigué.

Nous sommes arrivés au mouillage des vieux salins le trois. Aussitôt, j'ai été me mettre en déclaration et prendre mon tour. Nous avons commencé aujourd'hui à lester et j'ai été à Hyères pour mon rôle. Je pense que nous ne serons pas longtemps ici car il n'y a que deux grands navires qui chargent et nous devons prendre aussitôt qu'ils seront déchargés.

Tout l'équipage est bien.

J'ai l'honneur d'être votre tout dévoué.

---

6. L'*Alexandre* est sans doute un trois-mâts morutier appartenant à l'armateur Ruellan de Portrieux. Les jambettes sont les parties proéminentes des allonges de membrures au-dessus du pont.

– Rade d'Hyères, le 24 décembre 1856

À M. Derays

Je vous écris pour vous annoncer mon départ. J'ai été obligé d'aller à Toulon pour prendre mes expéditions attendu qu'il fallait que je signe chez le Consul[7]. On m'a demandé l'état de fret du courtier de Marseille mais il ne m'en avait pas donné. Je n'avais, en effet, qu'un seul parti et c'est moi-même qui ai été encaisser mon fret afin de ne pas avoir à payer pour l'encaissement du fret.

Quant au passager, c'est au Bureau de la Marine vu que c'était un marin que l'on a rapatrié. Il a été pendant cent dix jours à bord, temps qu'a duré la traversée. Comme c'était un lieutenant d'un navire de commerce, la marine m'a payé, suivant le règlement, deux francs par jour. J'ai donc reçu pour lui deux cent douze francs, somme que j'ai oublié, comme vous le dites, de porter dans les comptes. Vous paraissez croire que j'ai voulu la soustraire mais, si j'en avais eu l'intention, je ne vous aurais pas écrit que j'avais un passager. Au reste, Monsieur, ma conduite n'est pas douteuse. Vous pouvez le savoir par Monsieur Barbedienne auquel vous transmettez les ordres que vous me donnez. Je ne sais dans quelle intention vous faites cela. Je vais porter cet argent au compte avec les cinquante francs pour les nattes que j'ai fournies pour faire le grenier[8].

Pour le sel, nous avons, comme je vous l'avais dit, pris trois cent quarante mille kilogrammes mais je crois bien qu'il pèse beaucoup plus que son poids car il est très humide.

Je pense que nous allons partir ce matin car le temps paraît vouloir se mettre au beau.

Tout l'équipage est bien.

J'ai l'honneur d'être votre tout dévoué.

– Marseille, le 30 décembre 1856

À M. Derays

J'ai l'honneur de vous prévenir que j'ai appareillé plusieurs fois et, à chaque fois, j'ai été obligé de rentrer à cause du mauvais temps. Hier, après

7. Comme l'affréteur est une compagnie étrangère, la signature du contrat doit se faire au consulat.

8. Dans cette lettre, le grenier n'a pas tout à fait le même sens qu'à Alexandrie : ici c'est la couche de nattes (ou de paille) qu'on met au fond de la cale pour isoler le chargement.

avoir fini de mettre en ordre toutes les choses qui sont dans l'ancienne chambre, comme je doutais de la qualité du pain quoique le boulanger me l'aie garantie, je l'ai trouvé totalement perdu. Aussi, immédiatement, je suis descendu à terre et j'ai fait venir une commission qui a trouvé que ce pain était effectivement perdu : cela a été constaté par procès-verbal. Ensuite, je suis parti immédiatement pour Marseille où je suis arrivé à six heures du matin m'étant fait accompagner par Monsieur Guinard. Aussitôt que le jour s'est levé, je suis allé chez le boulanger qui m'avait fourni le pain. Il m'a dit qu'il me le remplacerait. Nous allons repartir ensemble pour les salins en passant par Toulon. Je vais en faire venir à bord pour retarder le moins possible. Il est encore heureux pour nous de nous en être aperçu car il eût fallu relâcher en pays étranger ou, peut-être, mourir de faim, si nous avions été en pleine mer.

Tout l'équipage est bien.

J'ai l'honneur d'être votre tout dévoué.

– Salins d'Hyères, le 31 décembre 1856

À M. Derays

Je vous écris mon arrivée au salin. J'ai été, comme je vous l'ai écrit, à Marseille pour y trouver le boulanger. J'ai fait un arrangement avec lui plutôt que de chercher à lui intenter un procès. Il m'a payé une somme de cinq cent francs mais vous pouvez être sûr que la quantité de quintaux de biscuit sera fournie intacte sans que l'armement soit forcé d'en payer un centime. J'ai été trompé et je vous prie de croire que, quoique vous en disiez, je suis avant tout homme d'honneur et actif dans mon service. Je fais mon devoir aussi bien que qui que ce soit et, comme je vous l'ai dit, ma conduite n'est pas cachée quand je donne un compte. Quand je vous marque quelque chose, c'est telle qu'elle est. Tous ceux qui me connaissent et auxquels j'ai pu avoir affaire, depuis le premier jusqu'au dernier, peuvent rendre compte de ma conduite : je n'ai aucune crainte.

En ce qui concerne la lettre que je reçois à l'instant, vous m'aviez dit, pendant votre séjour ici, de ne vous écrire qu'au moment de mon départ : c'est ce que j'ai fait sitôt le chargement terminé. Mais le mauvais temps est venu. Je ne suis pas maître du temps. J'ai pressé pour charger et le mauvais temps nous a contrariés. Du reste, toutes ces choses sont portées, jour après jour, sur le journal du bord. J'ai, comme je vous l'ai dit plusieurs fois, cherché à partir. Mais, cela a été comme une volonté de Dieu que je n'ai pu le faire sans visiter la soute car, en fait, je ne comptais dégager l'ancienne chambre qu'une fois à la mer. Sinon, probablement malheur nous fût arrivé, non pas à moi seul, mais aux onze autres.

Monsieur Guinard est avec la charrette qui nous apporte le biscuit que j'ai été obligé de prendre à Toulon dans plusieurs magasins. Je vais l'embarquer aujourd'hui à l'aide d'embarcations de mes amis et partir aussitôt que je le pourrai. Je vous promets que vos ordres seront suivis à moins d'empêchements majeurs.

Tout l'équipage est bien.

J'ai l'honneur d'être votre tout dévoué.

Lorsque le Saint-Brieuc *quitte Marseille pour La Plata, il n'y a que neuf hommes à bord en dehors de Joseph Conan, du maître d'équipage Joseph Guinard et du nouveau second Alexis Barbedienne. Seuls un matelot, un novice et le mousse sont originaires du quartier de Saint-Brieuc. Les autres, recrutés à Marseille, ne sont connus ni du capitaine ni de l'armateur. Ils sont inscrits dans des quartiers méditerranéens.*

– Rade de Montevideo, le 21 mars 1857

À MM… et Compagnie

J'ai l'honneur de vous prévenir de mon arrivée. Nous avons mouillé sur cette rade hier au soir vers les 4 heures et demie avec un temps affreux. Nous avons affrété à Marseille, chargé du sel à Hyères et nous venons à votre consignation. Je vous prie de me donner vos ordres et la marche à suivre pour l'opération le plus tôt possible.

J'ai l'honneur d'être votre tout dévoué.

Le capitaine du *Saint-Brieuc* de Saint-Brieuc.

– Rade de Montevideo, le 21 mars 1857

À M. Derays

J'ai l'honneur de vous annoncer notre arrivée sur la rade de Montevideo. Nous y avons mouillé par un très grand mauvais temps. Nous avons été obligés de mouiller les deux ancres et de filer sur chaque chaîne trois maillons alors que le fond n'est que de cinq mètres.

Nous sommes partis des îles d'Hyères, comme je vous l'avais annoncé, le trente et un décembre vers les six heures du soir. Nous avons reçu dans le Golfe un fort coup de vent dans lequel nous avons déchiré le petit hunier. Le navire a beaucoup fatigué et nous avons pompé de l'eau en quantité. Nous avons encore reçu un autre coup de vent affreux par le travers des basses terres d'Almeria dans lequel nous avons déchiré deux petits focs et le grand hunier. Nous avons été obligés de faire vent arrière. Notre canot, derrière, a été brisé par une lame et la chaloupe démantelée. Monsieur Barbedienne et moi avons failli être emportés à la mer. Joseph Barbedienne [9], le racage [10] du grand perroquet ayant cassé, a eu un doigt d'écrasé en allant le refaire. À la fin du coup de vent, nous nous sommes retrouvés par le travers de la Baie d'Alicante. En un mot, nous avons eu un temps épouvantable dans la mer Méditerranée et même jusqu'aux Îles du Cap Vert.

Nous avons passé le détroit le 19 janvier et, depuis les Îles du Cap Vert, nous avons eu une traversée assez belle. Mais le navire ne marche plus. Nous avons coupé la ligne [11] le 16 février par 27° de longitude. À notre atterrissage, nous avons encore eu du mauvais temps et nous avons déchiré un des huniers : celui que nous avions réparé. Enfin, nous avons aperçu la terre le 19 mars et nous étions très bien (le chronomètre est très bon [12]). Nous sommes entrés dans la rivière [13] et nous sommes venus jusqu'à la rade sans pilote ce qui m'a donné beaucoup de tribulations. J'ai appris ce matin, par un bateau, qu'un navire français s'était perdu sur le banc à l'Anglais qui se trouve à l'entrée de la rivière. La santé vient de venir à bord. Je ne sais pas encore si nous déchargerons ici mais, comme on m'a dit que le paquet partait demain, suivant vos ordres je m'empresse de vous écrire.

Tout l'équipage est en bonne santé.

J'ai l'honneur d'être votre tout dévoué.

– Rade de Montevideo, le 4 avril 1857

À M. Derays

Dans ma lettre en date du vingt et un mars je vous ai annoncé mon arrivée sur la grande rade de Montevideo ainsi que toutes les circonstances de notre traversée. Nous avons été obligés d'attendre les ordres mais nos jours de planche ont couru la même chose. Enfin, le premier, nous avons reçu la

9. Il ne s'agit pas du second mais du matelot Joseph-Marie. Plus tard, Joseph Marie Barbedienne sera lui aussi second. Il sera alors lui aussi un « Monsieur Barbedienne ». Auffray Jean-Michel, « De la terre à la mer, les frères Barbedienne », *Annales de Bretagne et des pays de l'ouest*, Rennes, 2008, t. 115, p. 81.

10. C'est une sorte de collier formé de cordages qui sert à relier une vergue au mât. Dans le cas présent, le racage relie la vergue de perroquet au sommet du grand mât.

11. L'équateur.

12. La longitude a été évaluée avec précision grâce à un bon chronomètre.

13. L'embouchure du Rio de la Plata.

nouvelle que nous allions décharger dans le pays. Alors, j'ai pris le pilote et nous avons mouillé en petite rade le soir même : on ne peut bouger le navire de place sans qu'il y ait un pilote.

Nous n'avons pas encore commencé à décharger mais j'aime mieux rester ici plutôt que d'aller à Buenos-Aires car les frais de pilotage sont énormes pour aller jusqu'à là-bas (500 F environ). Quant aux frets pour la France, je ne sais pas comment je ferai.

La maladie, chose qui n'avait jamais eu lieu dans ce pays, fait que personne ne travaille plus. Les ouvriers des saladaires [14] ont quitté la ville pour la campagne et les gens de la campagne ne veulent pas venir en ville pour vendre leurs produits de sorte que rien ne marche.

J'ai été plusieurs fois chez les courtiers mais je n'ai rien trouvé : il n'y a plus de marchandise sur place. Je serai obligé de prendre un consignataire car, sans cela, je ne trouverai pas de chargement attendu que les courtiers sont leurs hommes et pas les nôtres. On dit que le consignataire que nous avons pour l'entrée du navire est la première maison du pays et que souvent elle-même donne des chargements. Enfin, je consignerai le navire pour la sortie à celui qui me donnera un chargement. Presque tous les navires achètent des mules pour aller à Bourbon [15] ne trouvant rien d'autre. Je vais donc me trouver à peu près seul s'il ne vient pas d'autres navires. Il y en a d'autres qui sont en charge depuis presque deux mois et ce sont les consignataires qui leur mettent la marchandise à bord. Enfin, nous nous trouvons dans un vilain moment si la maladie ne passe pas.

J'ai été obligé de faire couper le doigt à un matelot que j'avais pris à Marseille mais il est bien maintenant ainsi que tout le reste de l'équipage.

Je n'ai pas reçu les lettres que vous m'aviez dit que je trouverai à mon arrivée.

J'ai l'honneur d'être votre tout dévoué.

– Montevideo, le 5 mai 1857

À M. Derays

J'ai l'honneur de vous annoncer que le navire a déchargé dans ce port et que nous avons livré trois cent trente-six tonneaux et demi. Nous sommes

14. Joseph Conan a francisé le mot espagnol *saladero* : lieu où on prépare les cuirs salés.
15. La Réunion. Les mules étaient devenues à cette époque, un produit d'exportation important pour ce pays d'élevage extensif qu'était l'Uruguay. Depuis l'abolition de l'esclavage, elles suppléaient en partie à la carence en main-d'œuvre dans les exploitations sucrières des îles Mascareignes.

en charge pour Le Havre à cueillette [16] ne pouvant trouver de charte-partie pour un chargement entier.

Le pays est victime de la maladie. Tous les négociants et même les ouvriers sont partis à la campagne. La ville est pour ainsi dire déserte [17] de manière que toutes les affaires sont mortes. Cependant, il ne s'est pas encore présenté de cas de maladie sur la rade. Ce qui me donne espoir, c'est que je suis pour le moment seul en charge et, si comme je le pense les négociants reviennent de la campagne (c'est ce qu'on dit), nous trouverons plus vite notre chargement. Quoique bien lentement, nous avons déjà quelques petites choses à bord et beaucoup d'autres d'arrêtées. Je vais tâcher de trouver des cuirs de tapisserie à porter pour rien mais je ne sais si je ne serai pas obligé d'en acheter vu la grande maladie et leur cherté. Cependant, ces cuirs pourront toujours être revendus à l'arrivée : sur ce que l'on m'a dit, on fait quelquefois de bonnes affaires.

Depuis que nous sommes ici, nous avons eu beaucoup de mauvais temps. Dans un coup de vent, notre chaloupe a été à la côte mais elle n'a pas eu de mal. Nous avons, dans ce même coup de vent, perdu une ancre que, si je le puis, je ne remplacerai qu'en France car elles sont ici d'un prix extraordinaire. Du reste, comme en toutes choses, il a été impossible de faire réparer notre canot. J'ai donc acheté un autre canot à bord d'un autre navire pour deux cents francs. À terre, on me demandait presque le double pour un qui n'était pas meilleur. Je ne suis pas, comme vous le dites dans votre lettre, arrivé en bonne occasion.

Je ne trouve pas d'avantages en allant à Buenos-Aires : il y a quinze jours de quarantaine pour les navires qui viennent d'ici.

Je joins à ma lettre un aperçu du commerce du pays. Je joins aussi une traite de trois mille francs que j'ai eue avec Monsieur le Consul à soixante jours de vue. Les négociants en demandaient quatre-vingt-dix et, enfin, après plusieurs courses je suis parvenu à l'avoir. Je crois que je vais avoir un concurrent.

Tout l'équipage est bien.

J'ai l'honneur d'être votre tout dévoué.

---

16. Charger un navire « en cueillette », c'est le charger de marchandises appartenants à diverses personnes ou entreprises. Dans ce cas, ce sont en principe des chargeurs.

17. Joseph Conan est donc allé à terre. Il ne donne pas son impression sur Montevidéo. Six ans auparavant, un autre marin français en a laissé une description. Ronze Jacques, *Voyage autour du monde à bord de la corvette de premier rang* La Capricieuse, *Journal de bord (1850-1854)*, livres EMCE, Lyon, 2009.

– Montevideo, le 25 mai 1857

À M. Derays

Nous avons eu deux hommes, embarqués à Marseille, qui ont déserté [18]. Je les ai remplacés par deux autres auxquels je n'ai versé aucune avance de peur du même accident. Du reste, les premiers avaient gagné pour trois mois. L'armement devra garder la moitié de ce qu'il leur devait et le reste ira à la Caisse des Invalides [19].

Notre chargement va doucement comme tout ce qui se fait ici en ce moment. Un navire a été plus d'un mois pour mettre soixante tonneaux à terre. Personne n'est revenu de la campagne. Je pense que le paquet anglais, par les nouvelles qu'il va apporter, va faire marcher les affaires.

Toutes les maisons en bois qui servaient à faire les travaux ont été démolies, brûlées et transportées assez loin. Plusieurs négociants vont reprendre leurs travaux ces jours-ci. Nous avons un concurrent pour Le Havre.

Je joins à ma lettre le duplicata de la traite que je vous ai déjà envoyée en date du 5 mai 1858.

Tout l'équipage est bien.

J'ai l'honneur d'être votre tout dévoué.

– Montevideo, le 5 juin 1857

À M. Derays

Nous avons eu plus de marchandises cette semaine que les autres. Si on avait pu en arrimer davantage, on nous en aurait envoyé plus. Mais les cuirs salés sont très longs à arrimer. Nous avons treize cents cuirs de chevaux et devons encore prendre six cent cuirs de bœuf salés. Nous avons aussi de [l'huile de jument?] en caisse, des pipes de suif pour le fardage des os, des cornes et des onglons [20] de bœuf. Aussi, je pense ne pas rester bien longtemps.

18. Les deux matelots du même âge, du même quartier maritime ont déserté le 12 mai. L'un d'entre eux, retrouvé par les autorités en 1858, sera traduit devant le tribunal maritime et condamné à un mois de prison, à une amende et à la restitution d'une partie de sa solde. Il a fallu remplacer les hommes manquants. Le 19 mai, Joseph Conan recrute donc un inscrit maritime « laissé par le navire *La Champenoise* du Havre » et un civil qui s'engage à faire le travail de matelot jusqu'au Havre. Leurs soldes mensuelles sont de 50 francs.

19. La Caisse des invalides, alimentée par l'État, les armateurs et les inscrits maritimes, gère les pensions de ces derniers appelées demi-soldes.

20. Ce sont les sabots. Comme le reste, ce sont les produits de l'élevage extensif pratiqué là-bas.

À présent, il est revenu beaucoup de monde en ville et l'on reprend les travaux habituels partout, petit à petit. Dans un coup de vent, notre canot a été brisé. Il était hissé sur ses portemanteaux. Je ne sais encore si je pourrai me le faire payer par celui qui nous l'a cassé avec son bout-dehors[21] parce que c'est nous qui avons chassé sur lui. La rade est très mauvaise et, presque à chaque coup de vent, quelque navire chasse et perd des ancres. De plus, il y a beaucoup de navires et nous sommes tous les uns sur les autres. À Buenos Aires, il y a eu un coup de vent épouvantable et il paraît qu'il y a eu des navires qui ont fait de graves avaries.

Je joins à ma lettre un aperçu de la situation de la place. Je n'ai reçu qu'une lettre de vous.

Tout l'équipage est bien.

J'ai l'honneur d'être votre tout dévoué.

– Montevideo, le 5 juillet 1857

À M. Derays

Nous n'allons pas vite. Nous avons presque continuellement du mauvais temps. La semaine passée, nous n'avons rien reçu. Je pense que la semaine prochaine sera plus heureuse car plusieurs navires qui étaient en charge pour différents ports sont partis. Il y en a qui ont été jusqu'à six mois en charge.

On nous a payé la moitié du canot que l'on considérait comme irréparable. Mais nous l'avons à peu près réparé de manière à faire le service. C'est le charpentier d'un autre navire qui l'a rendu seulement utilisable. Mais il a fallu beaucoup de démarches et que l'affaire soit jugée par un arbitre. Ensuite, le maître charpentier du port est venu et a dit que le canot était inutilisable : il a été estimé à quatre cent francs environ.

Il est arrivé plusieurs navires venant de France. Une partie est ici pour charger et retourner là-bas. Mais j'espère que, comme nous avons déjà à bord environ quatre-vingts tonneaux, on mettra de préférence à bord de notre navire. En effet, les chargeurs qui ont déjà de la marchandise à bord de notre navire ont intérêt à ce que l'expédition de leurs marchandises se fasse rapidement.

Tout l'équipage est bien.

J'ai l'honneur d'être votre tout dévoué.

21. C'est un espar prolongeant à l'avant le mât de beaupré.

– Montevideo, le 5 août 1857

À M. Derays

J'ai l'honneur de vous annoncer mon départ pour la fin de la semaine ou les premiers jours de la suivante. Peut-être me manquera-t-il quelques tonneaux de marchandise. Il arrive tous les jours des navires français qui mettront tous en charge pour Le Havre. Il n'y a pas beaucoup de marchandises, le fret n'est pas élevé et le navire fait beaucoup de dépenses. Le navire sera sous un joli chargement les marchandises étant bien arrimées. Je pense que nous avons entre deux cent cinquante et deux cent quatre-vingts tonneaux. Je juge cela suivant le tirant d'eau du navire. On fait toujours des difficultés pour charger à bord en disant que le navire est doublé en zinc.

Je joins à ma lettre une situation de la place qui vous dira ce qui se passe dans le pays.

Tout l'équipage est bien.

J'ai l'honneur d'être votre tout dévoué.

– Montevideo, le 9 août 1857

À M. Derays

J'ai l'honneur de vous annoncer mon départ pour Le Havre à moins de vents contraires. Je dois partir ce soir ou demain matin. Nous sommes en grande rade.

Nous avons fait, pour venir ici, 11 441 F 80 de fret. Je vous ai envoyé, par traites, trois mille francs. Me trouvant à cours d'argent pour mon départ, j'ai pris dix-sept cent francs que je dois payer à mon arrivée au Havre sur le fret de la marchandise que j'ai à bord en payant toutefois la commission et l'assurance pour ces fonds. Mais, comme vous m'aviez dit de vous envoyer de l'argent et que je ne croyais pas rester si longtemps, il s'en suivra que vous aurez toujours les fonds (en maniement), comme j'ai cru le deviner de vos intentions. Vu le temps que nous sommes restés ici, nous avons été obligés de renouveler une partie de nos vivres. Nous avons encore un peu de vide dans nos cales mais depuis huit jours nous n'avons rien reçu. C'est ce qui me fait partir ainsi de même que les fortes dépenses dans ce pays. Nous faisons ici pour sortir pour Le Havre 18 000 francs.

Je vous prie de m'écrire au Havre afin que je trouve une lettre qui me donne vos ordres à mon arrivée.

Tout l'équipage est bien.

J'ai l'honneur d'être votre tout dévoué.

– Montevideo, le 29 août 1857

À Monsieur le Consul Général
Chargé des affaires de France à Montevideo

J'ai l'honneur de vous informer que le nommé Héron, novice à bord du navire le *Saint-Brieuc* de Saint-Brieuc, est absent. Il avait obtenu une permission de dix minutes pour aller acheter du savon, du fil et du tabac comme provisions pour le voyage. Alors qu'il était venu à terre avec moi comme canotier et que je me trouvais sur le départ tout expédié, il n'est pas revenu au bout de trois heures. Je vous prierais donc de le porter absent. De mon côté, dès que je serai en France, je m'occuperai des formalités voulues par la loi.

J'ai l'honneur, Monsieur le Consul Général chargé des affaires de France à Montevideo, de vous présenter mes respects.

Je fais affirmer ce procès-verbal par deux de mes collègues : Monsieur (Toyé) capitaine du *Tempico* et Monsieur Jacob capitaine du *Moussa Pacha*.

La traversée de l'Atlantique est endeuillée par la mort, le 25 septembre, du mousse Mathurin Cardin de Pléneuf. Il avait treize ans et demi. Le Saint-Brieuc *arrive le 3 novembre 1857 dans le port du Havre. Joseph Conan débarque et quitte le commandement. C'est le second, Alexis Barbedienne, qui, après déchargement de la cargaison, ramènera, sur lest, le navire à Dahouët.*

Ici, le carnet s'interrompt plusieurs années. Joseph Conan va reprendre la rédaction sur le même carnet en janvier 1862, presque cinq ans après le départ de Montevideo. Rubin de Rays, vient juste de se retirer des affaires après avoir vendu ses navires.

1862

Joseph Conan fait une tentative à Islande

Après les problèmes causés par la guerre de Crimée, les armateurs des quartiers de Saint-Malo et de Saint-Brieuc réarment tous leurs morutiers pour les bancs ou les havres de Terre-Neuve. Le nombre de navires expédiés là-bas est presque équivalent à ce qu'il était avant les hostilités.

Cependant, Joseph Conan jette son dévolu sur Paimpol et l'Islande. Il espère l'aide de son beau-frère de Saint-Malo pour acquérir une part d'un navire. Il va faire des propositions dans ce sens à un armateur de Paimpol: M. Aubert-Lefeuvre.

– Saint-Brieuc, le 31 janvier 1862

À M. Aubert [1]
Armateur à Paimpol

Je me mets à votre disposition pour aller prendre au port d'Ars le navire sur lequel nous nous sommes accordés. Quand il sera arrivé, je prendrai un quart tant dans la valeur du navire que dans son armement. En ce qui concerne la pêche, nous pourrons fixer la durée de l'association à trois, quatre ou cinq ans. Cette association pourra se résilier à l'amiable avant échéance par consentement mutuel. Quant à mes conditions de solde en tant que capitaine pendant la pêche et avant, elles seront fixées en fonction des meilleures du pays.

En attendant votre réponse.

J'ai l'honneur d'être, Monsieur, votre très humble serviteur.

1. Aubert-Lefeuvre est un des armateurs de Paimpol. En dehors de l'acquisition qui va se faire, il possède déjà deux autres goélettes de 79 tonneaux destinées à la pêche à Islande: la *Victoire* et l'*Industrie*.

– Saint-Brieuc, le 4 février 1862

À M. Aubert
Armateur à Paimpol

J'ai reçu votre lettre en date du 2 février courant contenant un compromis signé de vous et je vous renvoie, par la présente, le double textuellement copié et signé par moi. Je pense que les cinq pour cent de commission concernent les frais bruts et non pas les frais nets car sinon, le pourcentage serait de sept et demi pour cent. Mes fonds ne sont pas encore disponibles. Je pense pouvoir vous les donner sous la fin du mois et peut-être avant. Vous comprendrez que je n'avais pas cru devoir les réunir avant d'avoir une affaire sûre.

Aussitôt réception de votre lettre m'annonçant l'arrivée du navire, je serai disposé à partir.

J'ai l'honneur d'être, Monsieur, votre serviteur.

– Saint-Brieuc, le 4 février 1862

À Le Guillouzer, Saint-Malo[2]

Tu as su par la lettre que je t'ai écrite de Grandville que nous n'avions pas fait affaire le prix du navire ayant trop monté[3]. J'ai ramené avec moi à Paimpol la personne qui était avec moi pour acheter un petit navire.

À mon arrivée, Monsieur Aubert-Lefeuvre armateur ayant appris que je n'avais pas fait affaire m'a fait demander. Il m'a proposé de prendre un intérêt dans une goélette qu'il a acheté pour faire la pêche ainsi que dans l'armement de ce navire. L'association est faite pour cinq ans. La goélette a quatre ans et est de première marche. Elle porte entre cent vingt et cent vingt-cinq tonneaux. J'ai pris le quart tant dans la valeur du navire que dans l'opération ce qui se monte à environ sept mille francs. Aussi je te prie

2. Jean Le Guillouzer est vérificateur des douanes. Il est marié avec Agathe, la jeune sœur de Joseph Conan. Le couple vit à Saint-Malo.

3. Dans un premier temps, Joseph Conan a voulu devenir lui-même armateur. Il est allé à Grandville pour l'achat d'un navire. L'affaire ne s'est pas faite. C'est à bord d'une bisquine acquise là-bas par son passager qu'il revient à Paimpol : il a fait le convoyage pour ce navire destiné à être immatriculé au quartier de Paimpol. Finalement, Conan et son associé ont trouvé un navire qui leur semble intéressant à l'Île de Ré. La goélette *Auguste et Marie*, de 72 tonneaux de jauge brute, a été construite à Libourne en 1857. Les 125 tonneaux dont parle Joseph Conan concernent la jauge nette.

de m'envoyer cette somme le plus promptement possible et de me la faire passer de la manière que tu jugeras la plus convenable car j'ai promis de la payer avant la fin du mois. Tu y joindras une obligation dans la forme de ton choix portant l'intérêt des fonds à cinq pour cent. Je te renverrai cette obligation signée par le premier courrier car on ne sait qui vit ni qui meurt.

Bien des choses à Agathe ainsi qu'à tous les enfants. Tu embrasseras Agathe une fois de plus pour la fête que nous lui souhaitons tous. Je n'ai rien de particulier à vous dire attendu que Marie-Anne[4] vous a écrit hier.

Je t'embrasse. Ton frère et ami.

– Saint-Brieuc, le 14 février 1862

À M. Aubert
Armateur à Paimpol

J'ai reçu ce matin votre lettre en date du 13 courant. Je pars ce soir et je suivrai les ordres que vous m'avez donnés. J'emporte avec moi de l'argent. Mon frère, aussitôt la réception des fonds, vous apportera l'argent. Quand je serai arrivé à Ars, je vous écrirai et vous rendrai compte de ce qui arrivera.

J'ai l'honneur d'être votre tout dévoué.

– Ars, le 17 février 1862

À M. Aubert
Armateur à Paimpol

Je vous annonce que mon arrivée a eu lieu hier au soir. J'ai été voir Monsieur Roulette qui, lui, a reçu votre lettre ce matin. Il m'a fait des offres de service et s'est mis à ma disposition tant en ce qui concerne ses conseils que pour les renseignements dont je pourrais avoir besoin. Nous avons été voir le navire qui n'a monté au quai qu'avant-hier soir car il n'y avait pas d'eau. Il commence à décharger ce matin et il lui faudra environ trois jours pour le faire. Quand ce sera terminé, nous inspecterons ses écarts[5] et lui donnerons une caution seulement. À moins que nous ne trouvions quelque chose. Cependant, le navire en apparence, ne fait pas d'eau. Mais il peut

4. Jeune sœur de Joseph Conan. Elle vit à Saint-Brieuc.
5. Surfaces de jonction entre pièces de bois. Lors de l'acquisition d'un navire, il est bien sûr très important d'inspecter la coque, les écarts et de déceler la présence anormale d'eau. Cependant, le navire peut ne manifester ses faiblesses qu'une fois en mer dans certaines zones sensibles. C'est le cas de la poupe lorsque le navire s'incline fortement vers l'arrière (acculée) et de la proue lorsqu'il s'incline vers l'avant.

en faire par la cheminée du gouvernail dans les coups d'acculage ou sous le beaupré quand le navire plonge l'avant dans la mer. Nous verrons cela quand l'équipage sera arrivé. Quant à la misaine de goélette[6], Monsieur Roulette ne s'engage pas à la faire faire ici. Il pense qu'elle sera mieux faite et plus vite à Paimpol et que cela pourrait nous retarder. J'ai aussi vu le capitaine qui m'a dit beaucoup de bien du navire.

Je ne pense pas être obligé de prendre d'autres marins que ceux que vous m'expédierez : nous serons assez, au moins pour ce petit voyage.

Le navire n'a pas de canot, c'est une chaloupe qu'il a, or il faut au moins une embarcation à bord du navire. À notre arrivée à Paimpol, il y aura une pompe à changer absolument car elle est pourrie. Mais je serai peut-être obligé de la changer ici. Je crois qu'il y aura très peu de funin[7] neuf à bord. C'est une chose à laquelle on devait s'attendre. Je ne crois pas cependant être obligé d'en acheter ici. La chambre n'est pas logeable comme vous le savez. Je ne sais pas comment je pourrai passer dans mon lit. De toutes façons, il faudra qu'elle soit refaite. C'est pourquoi je suis encore plus pressé d'arriver à Paimpol pour que vous me donniez le plan de la chambre.

J'ai l'honneur d'être votre tout dévoué.

– 21 février 1862

Dépêche télégraphique
À Monsieur Aubert Lefeuvre, Paimpol

Impossible trouver mousse ici – envoyer un immédiatement –
trois hommes rendus – navire déchargé aujourd'hui –
commencé réparations – Conan

– Ars, le 22 février 1862

A M. Aubert Lefeuvre
Armateur à Paimpol

Suivant votre dépêche en date du 19 courant, j'ai pris du monde. J'ai commencé à visiter le beaupré qu'il a fallu démâter. Les trois hommes sont arrivés dans la soirée. J'ai aussi reçu votre lettre en date du 17 me disant de chercher un mousse. Comme je n'en avais pas trouvé après m'être adressé au syndic ainsi qu'à plusieurs autres personnes, Monsieur Roulette m'a engagé

6. Sur les goélettes, les misaines sont des voiles à corne.
7. Cordage.

à vous télégraphier. Comme son fils allait le vingt et un à Saint-Martin, il a lui-même porté la dépêche au télégraphe.

Nous avons visité sous le beaupré où nous avons trouvé deux trous que nous avons bouchés. Ensuite, nous l'avons remis en place et travaillé à le tenir. Aujourd'hui, on a commencé à remettre le faux tillac[8] en place ne pouvant commencer à calfater en dehors à cause de la pluie que nous avons eue dans la soirée.

Le dernier matelot et le mousse sont arrivés.

J'irai lundi à Saint-Martin pour armer mon rôle et l'autre capitaine ira en même temps pour désarmer le sien. Comme le navire sera expédié par lui, Monsieur Roulette nous donnera à tous les deux les choses nécessaires.

J'ai l'honneur d'être votre tout dévoué.

– Ars, le 1er mars 1862

À M. Aubert
Armateur à Paimpol

Je vous dirais que, pour le canot, le navire n'a pas de pistolet[9] en place et qu'il n'y en a qu'un à bord. Le navire a, derrière, quatre mètre cinquante de… en dehors. La pompe est faite et mise en place. Nous avons fini aujourd'hui notre carène et nous sommes descendus le soir, à la marée. Cela aurait pu se faire hier au soir mais nous n'avons pu travailler hier à cause du mauvais temps. Nous ne voulions pas faire du mauvais ouvrage. Nous avons fait arranger le faux tillac et un des côtés du guindeau[10]. Quant au logement, nous n'y avons pas travaillé. Nous pourrons, je pense, charger notre sel lundi et partir mardi, ou tout au plus tard, mercredi à moins que le temps ne soit trop mauvais. Tout le monde dit que le navire va très bien au plus près du vent. Par conséquent, nous ne serons pas longtemps à nous rendre à Paimpol.

J'ai l'honneur d'être votre tout dévoué.

---

8. Tillac est synonyme de pont. Un faux tillac est un plancher amovible au-dessus de la cale.

9. Synonyme de bossoir. C'est une pièce de bois qui déborde sur le bord du navire. Dans le cas présent, elle sert à hisser ou à mettre à l'eau le canot.

10. Treuil à axe horizontal utilisé surtout pour remonter l'ancre.

– Ars, le 1er mars 1862

À Le Guillouzer

Je reçois à l'instant, dans une lettre de Monsieur Aubert, les deux lettres que tu m'avais adressées chez lui. Je ne pensais pas être aussi longtemps ici, si je l'avais su, je t'en aurais averti. Je trouve drôle que Hermine t'aie dit que j'étais à Paimpol mais tu peux être sans crainte. Monsieur Aubert m'a dit que je n'avais pas besoin de me gêner. Du reste, je ne suis pas sur les lieux. J'ai reçu la lettre le matin et je suis parti le soir même. Je compte partir d'ici mercredi au plus tard pour Paimpol.

Je pense qu'à la réception de ma lettre les petites seront guéries de leur coqueluche et que ta femme et toi serez défatigués. Ne te fais surtout pas de mauvais sang et ne crois pas que je pense quoi que ce soit de la faute. Embrasse pour moi ta femme et tes enfants.

Ton frère et ami.

– Bord du navire *Auguste et Marie*

Le 5 mars

À Monsieur Aubert armateur à Paimpol

Je vous annonce mon départ et vous écris sous voiles. Nous avons fini de prendre notre sel hier et nous avons expédié dans la soirée. Les vents sont assez bons et le temps est beau ce qui, je pense, nous présage une courte traversée.

Tout l'équipage est bien.

J'ai l'honneur d'être votre tout dévoué.

– Paimpol, le 10 mars 1862

À Monsieur (Roulette) aîné

Négociant, Ars

Comme vous m'aviez prié de vous écrire ce que je pensais du navire à mon arrivée à Paimpol, je le fais.

Comme vous le savez, nous sommes partis de dessus la rade le cinq à six heures du matin avec beau temps. Mais cela n'a pas continué longtemps et nous avons eu une traversée très dure. Comme nous avons eu bien mauvais temps, nous avons pu essayer le navire. Le navire se comporte bien, marche bien mais son gréement est en bien mauvais état. Nous avons cassé plusieurs choses ce qui nous a forcé à relâcher sur la rade du Palais. Nous avions passé Belle-Île. Il a, par conséquent, fallu rétrograder : cela a duré de cinq heures du matin jusqu'à quatre heures de l'après-midi et par conséquent nous a fait perdre au moins onze heures de route. Cela ne nous a pas empêchés de mouiller près du port de Paimpol, sur la rade du Birvidic [11] le huit à dix heures du soir. Cela vous montre que nous avons vraiment pu essayer le navire. Nous avons rattrapé et dépassé, le jour même de notre départ, dans la soirée, la goélette et la bisquine qui, quand nous avons débarqué le pilote, étaient déjà en dehors de la Baleine. Le navire a fait un peu d'eau mais cela pourrait provenir du temps car il était épouvantable.

J'ai l'honneur de vous présenter mes salutations.

– Paimpol, le 15 mars 1862

À M. (Masseur), Ars

Le journal est arrivé juste à temps : la douane n'était pas encore venue à bord. J'avais crainte d'accident, fait mon rapport sur une feuille de trente-cinq centimes [12]. Alors, comme nous devions entrer le soir, j'ai transcrit ce rapport dessus et, en m'expédiant, je l'ai transmis au Greffe. Je vous expédie sous ce pli, en timbres poste, le prix qu'il vous coûte. Bien des choses à toutes les connaissances et rappelez-moi au souvenir de ces messieurs.

J'ai l'honneur de vous saluer.

– Paimpol, le 15 mars 1862

Le Guillouzer

J'ai reçu hier au soir à la nuit ta lettre en date du 13 courant avec le modèle que je t'avais demandé. Je m'empresse de t'envoyer la copie textuelle, sur papier timbré puisque tu m'as dit que cela est suffisant pour toute espèce de reçu.

Je vois avec plaisir que cela commence à aller mieux à Saint-Malo et que la coqueluche commence à passer et que, par conséquent, vous vous trouvez tous mieux et moins fatigués. Je vais, ce soir, partir pour Saint-Brieuc vers les onze heures pour passer mon dimanche car il faudra que je revienne lundi matin. Nous avons commencé à travailler pour faire nos logements et devons passer la revue mardi prochain.

---

11. La rade de Birvidic, près de Paimpol, permettait aux navires de se mettre à l'abri des intempéries en attendant de pouvoir entrer dans le port.

12. Le contenu de cette lettre demeure énigmatique. Il n'a pas été possible de savoir de quel rapport il s'agissait.

Embrasse pour moi ta femme et tes enfants auxquels je souhaite, ainsi qu'à toi, une bonne santé.

Ton frère et ami.

La goélette Auguste et Marie *est expédiée vers l'Islande le 2 avril 1862.*

Joseph Conan est capitaine, Pierre Lefèvre est second et François Hamon est lieutenant. L'équipage est en outre composé de dix matelots-pêcheurs, d'un saleur, d'un novice et d'un mousse.

Les hommes seront payés à la part. Trois pour le capitaine, une et demie pour le second et le lieutenant, une et quart pour le saleur, une pour chaque matelot, une demie pour le novice et un tiers pour le mousse.

– Paimpol, le 2 avril 1862 [13]

À Monsieur Conan, capitaine de l'*Auguste et Marie*

Vous avez vos expéditions. Dès que le temps le permettra, vous aurez à faire voile pour l'Islande.

J'ai affrété une partie de la goélette *Providence*, capitaine Quinio, pour aller prendre en Islande les morues de la première pêche. Le navire se rendra dans la baie de (Rodefjord) pour le 20 mai et y resterez jusqu'au 5 juin. Vous devrez donc vous trouver dans cette baie dans cet intervalle de temps. Vous aurez placé à bord de la *Providence* pour 4 000 morues et quatre barriques de foie de morue. Néanmoins, si vous en aviez plus de 4 000, vous pourriez compléter ce qui manquerait aux navires cochargeurs. Ces navires sont mon *Adolphe* pour 6 000 morues, la *Marie* pour 5 000 morues, le *Pierre* pour 5 000, l'*Abeille* pour 5 000 et un bâtiment de Dahouët dont j'ignore le nom aussi pour 5 000 morues. Vous veillerez à ce que votre poisson soit placé séparément dans la cale de la providence. Il sera arrimé et salé par les soins de Huon, votre saleur. Ce poisson ne sera point pesé mais compté seulement et vous m'enverrez un des deux reçus que vous remettrez au capitaine Quinio.

Vous prendrez à bord du chasseur 14 à 15 grandes bailles de sel pour chaque futaille de morues que vous aurez livrée. Afin d'avoir le temps de faire votre transbordement, il sera bien que vous soyez en baie fin mai. en un mot, lorsque vous aurez atteint 4 000 à 5 000 morues, vous choisirez le moment qui paraîtra le plus favorable.

13. Cet écrit est l'unique lettre envoyée par l'armateur à Conan dont nous ayons connaissance.

Pour votre seconde pêche, vous resterez aussi longtemps que vous aurez l'espoir de prendre de la morue. Toutefois, il est temps de quitter les lieux de pêche vers le 10 ou 15 septembre. Vous ferez votre retour directement à Paimpol.

Je vous remets la note de vos vivres. Vous avez le tableau des rations et vous pourrez ainsi vous convaincre que vous en avez pour plus de six mois.

Si vous avez besoin des bâtiments de la station, vous les trouverez du 20 au 25 mai, l'un dans l'est, baie de (Lauskafjord), l'autre dans l'ouest, baie de Dyrefjord.

Vous savez qu'il est défendu de distribuer à l'équipage la ration d'eau-de-vie pour plus d'un jour à la fois.

Il est important que vous fassiez votre première pêche dans l'est plutôt que dans l'ouest. D'abord parce que c'est dans l'est que vous irez donner votre poisson au chasseur et aussi parce que vous y pêcherez de plus beaux poissons.

Votre saleur est le nommé Huon qui est très capable. Je vous recommande de faire laver votre morue et de préparer le plus de rogues que vous pourrez mais sans que cela ne nuise en rien à votre pêche.

Confiant dans votre activité et votre intelligence, je compte sur le succès complet de l'opération dont vous êtes chargé et je souhaite que vous l'obteniez heureux que je serai de pouvoir, au retour, vous offrir un témoignage de satisfaction.

Mes salutations sincères
Aubert-Lefeuvre.

P.-S.

Je vous enverrai par le chargeur et vous enverrai probablement par la même occasion un peu de biscuits, une trinquette neuve et des barriques vides pour mettre les foies.

Vous aurez à tenir un compte exact des morues pêchées par chacun de vos hommes.

Comme prévu, la goélette Auguste et Marie *est arrivée au lieu de rendez-vous après sa première pêche. Le capitaine Conan confie au capitaine du chasseur une lettre pour son armateur avant de partir pour la seconde pêche.*

– Rodefjord, le 24 mai 1862

À M. Aubert Lefeuvre

Nous sommes partis, comme vous le savez, le 13 février au matin avec beau temps. Nous sommes arrivés à Islande le vingt-quatre après une traversée très dure et continuellement du mauvais temps. Nous avons perdu beaucoup de sel ce qui, je crois, provient du mauvais calfatage du vaigrage [14] du navire. Nous avons atterri sur Portland et de là, nous nous sommes dirigés sur les îles Ouest Man.

Nous y avons pris très peu de morues et avons essuyé beaucoup de mauvais temps. Le 27, trouvant une brise favorable pour remonter à l'est, nous en avons profité et nous sommes arrivés le 28 aux Îles sans nom. Nous y avons rencontré plusieurs navires. Nous y avons également rencontré beaucoup de mauvais temps et peu de poissons. Nous avons toujours pêché en nous rapprochant de l'endroit où devait se trouver notre chasseur, restant plus ou moins longtemps dans chaque endroit.

Notre piton de drisse de pic [15] de grand voile a cassé et nous avons pu le réparer comme nous avons pu. Le 15 mai au soir, l'étai de misaine a cassé et est tombé sur le pont. Fort heureusement, personne n'a eu de mal. Nous l'avons remplacé en partie d'un bastaque [16] et continué. Nous avons été plusieurs jours sans pouvoir pêcher. L'équipage râle sur le mauvais temps.

Ne trouvant pas de poisson, je me suis décidé à partir le 19 pour rejoindre le chasseur et nous réparer le plus tôt possible. En effet, puisque la première pêche n'était pas bonne, je ne voulais pas compromettre la seconde. Tous ceux à qui j'ai parlé disent que c'est une année qui n'est pas ordinaire pour le mauvais temps. Nous sommes entré le 20 vers les midis. Nous avons voulu mouiller près du chasseur mais, le temps étant très mauvais et nos ancres ayant chassé, nous avons été obligés d'aller jusque dans le fjord le mauvais temps continuant toujours. Nous avons réparé notre étai et le lendemain nous avons appareillé par temps calme. Ayant à bord deux avirons débordés et le canot à nager devant nous, nous n'avons pu arriver au mouillage que le 22 au soir. Le lendemain nous avons transbordé et nous avons compté trois mille neuf cents morues [17] que nous avons données au chasseur avec trois barriques 2/3 de foie. Nous avons pris les quatre barriques vides, les deux barriques de biscuit et la vieille trinquette [18] que vous nous avez

14. Ensemble des planches ou vaigres qui forment le revêtement intérieur de la coque. Il protège, en principe, la cargaison de l'humidité.

15. Synonyme de corne. C'est la vergue supérieure d'une voile à corne.

16. Sorte de hauban mobile utilisé pour tenir le mât vers l'arrière.

17. Contrairement à la pêche sédentaire à Terre-Neuve, la morue n'est pas séchée, elle est dite « verte ». Elle n'est que modérément salée et doit être vendue rapidement. Aussi, vers le milieu du mois de mai, un navire « le chasseur » à qui on a donné rendez-vous dans un fjord islandais vient récupérer le produit de la première pêche pour l'amener dans un port français.

18. Parmi les focs, c'est celui qui est le plus en arrière, le plus proche du mât de misaine.

envoyés. Nous avons de beaux poissons grands et, je crois, bien conditionnés. Je pense qu'ils se vendront bien et pèseront beaucoup.

Je joins à ma lettre le compte de la morue prise chaque jour par chaque homme ainsi que l'un des reçus de la quantité de poisson que nous avons salé.

Nous partons le 25 mai, après le chasseur. Dieu veuille que la seconde pêche soit meilleure que la première.

J'ai l'honneur d'être votre tout dévoué.

Ce matin, une partie de l'équipage m'a formellement dit qu'il ne serait pas partant pour la pêche avant d'avoir été à bord de la corvette réclamer pour leurs rations. Je pars donc demain pour la baie de Faskrudfjord si le temps le permet avec le navire.

Le 25 au matin, les hommes sont venus me trouver au moment d'appareiller. Nous avons envoyé faire provision d'eau et laver une partie des hommes.

– Rodefjord, le 26 mai 1862

À M. Aubert Lefeuvre
Paimpol

Au moment de mettre sous voile pour repartir, le capitaine Quinio, commandant le navire chasseur, vient me réclamer à cause des ânes[19] et des colins qui se trouvent dans le nombre de trois mille neuf cents poissons que nous avons chargé à son bord. Ne pouvant en spécifier la quantité et la morue se trouvant tout à fait séparée, le nombre de colins et d'ânes qui s'y trouvera sera déduit sur le nombre entier. C'est pourquoi, je lui donne la présente.

Votre dévoué.

La correspondance du capitaine Conan s'arrête ici.
La goélette Auguste et Marie *arrivera à Paimpol le 1er octobre.*
Elle sera réarmée pour une campagne de cabotage sous le commandement d'un autre capitaine. Par la suite, on ne trouve nulle trace d'un quelconque embarquement de Joseph Conan sur un navire marchand ou morutier. On ne sait s'il vend ses parts dans l'armement mais il renonce, semble-t-il à naviguer.

19. L'âne ou ânon est l'églefin. À cette époque, Américains et Canadiens le pêchaient près de leurs côtes, le salaient et le fumaient rapidement pour en faire le haddock.

Comptes du navire le *Saint-Brieuc*

– Campagne et voyage 1853-1854

– Les recettes

– le 24 avril 1853 : reçu de Monsieur Derays pour conduite du navire :	200 F
– le 24 septembre 1853 : fait à Porto une traite pour frais fait pour le navire :	691 F
Recette à Gênes	
– le 20 octobre 1853 ; pour seine vendue :	258 F
– le 4 novembre 1853 ; pris chez Monsieur Delarue pour le navire :	1 400 F
Recette à Marseille	
– fait un billet payable à présentation :	1 638 F 60
Recette au Havre	
– fret du navire :	10 590 F 20
Recette à Cardiff	
– fait une traite de 10 livres sterling :	250 F
Recette à Nantes	
– fret reçu du navire :	7 595 F 95
– pris à Paimboeuf chez le courtier :	50 F
– pour un baril de cognac m'appartenant :	40 F
Recette définitive du voyage :	**22 413 F 75**

Compte définitif pour l'année 1853 et 1854

Le capitaine doit à Monsieur Derays

– conduite du navire :	200 F
– traite à Porto :	691 F
– pour seine vendue à Gênes :	258 F
– pris chez Monsieur Delarue à Gênes :	1 400 F
– fait un billet à Marseille :	1 338 F 60
– fret reçu au Havre :	10 590 F 20
– traite à Cardiff :	250 F
– fret reçu à Nantes :	7 795 F 95
– divers argent :	90 F
– Total :	22 413 F 75
– pour invalide du voyage :	24 F 95
	22 438 F 70

Les dépenses

Dépenses à Terre-Neuve et à Porto

– le 19 juin 1853 ; acheté des assiettes :	4 F 20
– le 26 septembre 1853 payé pour frais pour le navire à Porto :	791 F
– payé pour un pratique [1] pris à 15 lieues au large :	25 F
– pour viande au départ et pendant le séjour :	20 F
– pour légumes et poissons :	8 F
– Total :	848 F 20

Dépenses à Gênes

– expédition à Gênes :	520 F
– pain :	144 F 25
– viande :	82 F
– peinture et huile :	25 F
– pour forge :	48 F 50
– pour médecin et médecine :	5 F
– pour chandelles :	10 F
– pour fromage :	4 F 25
– raccommodage de deux pompes et deux soupières :	2 F 50
– mouchette et porte-mouchette :	1 F 50

1. Marin qui a une bonne connaissance d'une portion de côte : « lamaneur pratique ».

– pour légumes poissons et fruits :	35 F
– pour menus frais :	10 F
– Total :	882 F 08

Dépenses à Marseille

– compte d'expédition :	227 F 85
– (agio) de timbre :	10 F 75
– pain :	58 F 75
– viande :	79 F 45
– vin et eau de vie pour… :	415 F 15
– pour chambre, cuisine et divers objets pris dans la maison :	75 F
– chez l'opticien :	9 F
– pour liège :	46 F 25
– pour cordages de… :	86 F 72
– pour médecin et médecine :	4 F
– pour raccommodage de divers objets :	5 F
– pour feuille de rôle :	6 F 40
– pour légumes poissons et fruits :	(30) F
– pour passage d'un port à l'autre :	1 F
– clous de pompe en cuivre et fils de cuivre :	4 F
– pour divers frais et bateau à la sortie :	15 F
– Total :	1 085 F 32

Dépenses au Havre

– argent envoyé en billet sur Paris :	7 500 F
– frais de banque :	7 F 50
– expédition et commission dus à Marseille :	946 F
– bateau d'aide à la sortie :	9 F
– pour haleur à la sortie du bassin :	5 F 40
– cidre acheté :	153 F 50
– pour pain :	165 F 20
– pour viande :	114 F 85
– 12 mannes à lest :	4 F 20
– pour réparation de la cuisine et fournitures avec mise en place de tolets pour le portage des ancres :	95 F 57
– chandelles :	9 F
– réparation de montre :	5 F

– pour provisions journalières :	30 F 50
– Total :	9 049 F 02

Dépenses à Cardiff

– dépenses à Cardiff :	36	14	1
– expédition du navire et commission affrètement pour le bateau à vapeur à la sortie :	1	8	1½
– pour pain :	2		3
– viande :	1	13	5
– provisions journalières :	14	6	
– menus frais :	4	1 ½	
– Total :	42	14	6
	1 068 F 12		

Dépenses à Nantes

– argent envoyé sur la Banque de France :	4 220 F
– frais de banque :	4 F 22
– compte du courtier à Paimboeuf :	93 F 25
– compte du courtier à Nantes :	676 F 22
– pour gabarrage de 145 900 kg faisant 143 *tx* 749 à 2 F 25 :	323 F 40
– remorquage concernant le navire :	87 F 32
– à Monsieur Déjoie marchand de vin :	1 049 F 10
– voyage fait à Nantes :	15 F
– pain pris à Paimboeuf :	35 F 10
– viande :	14 F
– huile à peinture prise à Paimboeuf :	11 F 40
– pour 165 tonneaux de lest à 0 F 50 :	82 F 50
– pain pris à Nantes :	120 F 37
– viande :	92 F 85
– trois carreaux pour claire-voie :	4 F 50
– pour beurre :	96 F
– pour peinture prise à Nantes :	10 F
– pour provisions journalières :	(3)5 F
– menus frais :	5 F
– Total :	6 915 F 23

Avances faites à l'équipage

– Guinard Mathurin, *second*:	79 F 40
– Guinard Joseph, *lieutenant:*	85 F 80
– Gauthier Mathurin Louis, *matelot:*	69 F 80
– Gauthier Mathurin Félix, *matelot*:	63 F 80
– Touzan (Couzan) Louis, *matelot:*	71 F 40
– Touzan (Couzan) Jean, *matelot:*	63 F 80
– (Poulluart) Jean, *matelot*:	72 F 85
– Lécuyer Jean, *matelot:*	60 F 60
– Badoisel Joseph, *matelot:*	45 F
– Derlot Jean, *matelot:*	62 F
– Barbedienne Joseph, *matelot:*	65 F
– Briend Julien, *novice:*	59 F
– Jasson Guillaume, *novice:*	48 F 20
– Crolais Matthieu, *mousse:*	(44) F
– Total:	860 F 65
Dépenses définitives du voyage:	**20 699 F 54**

Compte définitif pour les années 1853 et 1854

Doit Monsieur Derays

– dépenses à Porto:	848 F 20
– dépenses à Gênes:	883 F
– dépenses à Marseille:	1 075 F 32
– dépenses au Havre:	9 049 F 02
– dépenses à Cardiff:	1 068 F 12
– dépenses à Nantes:	6 915 F 23
– avances à l'équipage:	860 F 65
– chapeau[2] sur le fret de Marseille:	493 F 01
– chapeau sur le fret de Nantes:	280 F 14
– mois dus:	360 F
– voyage:	800 F
– (troisième tiers):	263 F 66
– deux lots communs:	(31) F 90
– une barrique d'huile:	175 F 75
– une barrique morue:	72 F 50
– Total:	23 176 F 50

2. Chapeau: % du fret versé au capitaine par l'armateur.

Balance du compte général

Monsieur Derays doit au capitaine :	23 176 F 50
Le capitaine doit à Monsieur Derays :	22 438 F 70
Monsieur Derays doit au capitaine :	737 F 80

Pour solde de compte définitif
Pléneuf, le 21 avril 1854
Matthieu Derays

– Campagne et voyage 1854-1855

– Les recettes

Recette à Binic

– pour conduite du navire :	200 F

Recette [...] et au départ

– le 20 octobre 1854 reçu :	800 F
– le 24 novembre, reçu de Monsieur Michel :	1 600 F
– le 24 novembre, donné un bon sur Monsieur Michel :	170 F 15

Recette à Marens

– 20 septembre, bon donné à B... sur Monsieur Michel :	246 F 45
– Bon donné pour pilotage de La Rochelle à l'Aiguillon et de l'Aiguillon à La Rochelle :	106 F
– Pris chez monsieur Michel :	500 F

Recette à Marseille

– pour fret de 270 *tx* 486 à 20 F :	5 409 F 32
– pour fret de 19 *tx* 136 à 23 F :	440 F 12
– pour seine vendue :	204 F

Recette à Alexandrie

– fret reçu à Alexandrie et (rembours) :	311 F 50
– pris chez le négociant à valoir sur le fret :	1 500 F

Recette à Marseille

– fret à Marseille moins 1 500 F déjà portés en recette :	8 155 F 95

Recette à Bouc

– pris chez Monsieur Babaton :	650 F

Les dépenses jusqu'au départ de Dunkerque en octobre 1855

Dépenses à Binic *(en octobre 1854 probablement)*

– deux bouilloires :	5 F
– boîte à café :	1 F
– dix cuillères :	1 F 40
– un (passe l'ail) :	1 F 25
– cinq boîtes à thé :	(1) F 40
– une soupière :	0 F 80
– six soucoupes :	0 F 75
– un plat :	0 F 75
– thé :	1 F
– fil de cuivre :	0 F 90
– (deux serrures) :	1 F 80
– deux douzaines… de fer et six… de brigantine :	10 F 50
– oignons et choux pris sur Portrieux :	3 F
– Total :	30 F 75

Dépenses à l'arrivée et pour le départ de Dahouët

– pour droits de santé :	32 F 55
– pour feuilles de rôle au désarmement :	2 F 40
– permis pour débarquer :	0 F 55
– droit pour huile, draches[3] et :	31 F 09
– feuilles d'armement :	6 F 40
– mèche pour lampe :	3 F 60
– Total :	76 F 59

Reçu les arrêtés de compte portés ci-dessus
Pléneuf, le 11 octobre 1854
Derays

3. Drache : huile non encore épurée provenant de détritus divers de morues.

Voyage pour l'année 1854 et l'année 1855

Dépenses depuis le départ et à La Rochelle

– pilotage de la baie de Saint-Brieuc sur la rade de Paimpol et mise à la mer :	48 F
– (légumes) pris sur la rade de Paimpol :	2 F 20
– pain pris sur la rade de l'île de Ré :	12 F
– viande prise sur la rade de l'île de Ré :	10 F 20
– dépense à La Rochelle, le navire étant sur la rade de l'île de Ré :	50 F
– voyage à Marans pendant le séjour à La Rochelle :	10 F
– pour dépêche envoyée par le télégraphe :	18 F 48
– pour une grande voile et une brigantine :	891 F 05
– pour travaux faits à la forge :	32 F 60
– pour travaux faits chez le poulieur :	27 F
– pour viande prise à La Rochelle :	61 F 65
– pour pain :	69 F
– pour deux barriques de vin rouge et ? litres eau-de-vie :	266 F 60
– pour chambre et cuisine pendant le séjour :	16 F
– légumes et fruits :	17 F
– provisions achetées pour la mer :	15 F
– bon donné au courtier payable chez M. Michel :	170 F 15
– Total :	1 716 F 93

Dépenses à Marens

– pilotage de La Rochelle sur la rade de l'Aiguillon :	41 F
– pilotage de la rade de l'Aiguillon au Breuil plus un mouvement le navire tirant… à 10 pieds d'eau :	33 F
– un voyage fait du Brault à Marans :	10 F
– pour enlèvement du lest :	90 F
– voyage fait de Brault à Marans :	10 F
– voyage fait à Marans :	5 F
– viande prise à Marans :	99 F 90
– pain pris au Brault :	125 F
– légumes et poissons :	25 F
– voyage fait à Marans :	10 F
– bon donné au courtier payable chez M. Michel :	246 F 45

– pilotage du roché sur la rade de l'Aiguillon plus un mouvement du Brault au roché:	45 F
– pilotage de la rade de l'aiguillon à la mer:	65 F
– acheté du sucre:	11 F
– Total:	822 F 35

Dépenses à Marseille

– bateau pris à l'entrée:	12 F
– pour huile, peinture, coaltar et divers cordages:	170 F
– avancé à Monsieur Lesage:	300 F
– payé pour médecin et médecine pour? hommes:	35 F
– payé au forgeron:	3 F 50
– … emboucauté au départ:	398 F 60
– au bureau du lestage:	131 F 20
– au poulieur:	7 F
– payé chez le marchand de vin:	1 006 F 25
– payé chez l'épicier:	231 F 10
– donné pour les hommes:	160 F
– viande pour le séjour et pour le départ:	271 F 50
– pain pendant le séjour et pour le départ:	466 F 81
– pour location de chambre:	80 F
– compte du courtier Monsieur Blanc:	22 F 45
– payé pour diverses marchandises… pour Alexandrie plus remboursement:	65 F 65
– bateau pour la sortie:	15 F
– légumes pris pendant le séjour:	30 F
– poisson:	35 F
– dépenses faites au rapport du nommé Gauthier:	32 F 25
– voyage fait à Toulon:	25 F
– Total:	3 697 F 71

Dépenses faites à Alexandrie

Payé au consulat pour droits d'expédition et autres ainsi que

– pour les jours d'hôpital du nommé Javard:	90 F 90
– pour délestage:	110 F
– pour pilotage d'entrée:	20 F
– pour poisson acheté pendant le séjour:	7 F 50

– pour viande, pain et légumes chez le fournisseur pendant le séjour et au départ :	325 F
– payé pour chaland pour le transport de bord à bord :	40 F
– payé pour l'arrimage des balles à bord :	245 F
– pour le pressage de 98 balles :	171 F 50
– pour roulage de la douane à bord :	27 F 65
– pour pilotage de sortie :	20 F
– change d'argent :	30 F
– manne pour embarquer le sésame :	10 F
– courtage et commission :	52 F 77
– dépenses diverses :	10 F
– Total :	1 159 F 55

Dépenses à Marseille

– bateau à l'entrée :	15 F
– prime d'assurance pour argent pris à Alexandrie :	21 F 20
– commission de 2 % pour l'affréteur :	183 F 90
– pour réparation des balles :	143 F 20
– pour… pesage :	59 F 25
– pour planche au débarquement :	5 F
– pour achat de bois à brûler :	16 F 25
– pour réparation de cuisine :	54 F
– pour huile de lin, peinture (noire) et une (brosse) :	37 F 70
– légumes pendant le séjour et pour le départ :	18 F 50
– pour poisson :	6 F
– pour pain :	81 F 03
– pour viande :	124 F 60
– chez le marchand de vin :	188 F 10
– pour chambre :	35 F
– chez l'épicier :	228 F 50
– compte d'expédition et commission de 2 % sur la totalité du fret :	402 F 20
– dépenses diverses :	5 F
– pour médecine et médecin :	15 F
– pour hommes pris pour le débarquement des balles :	60 F 80
– pour bateau à la sortie :	16 F
– Total :	1 806 F 23

– donné pour votre compte à Monsieur Babaton :	5 650 F
– Total :	7 456 F 23

Dépenses à Bouc

– remorquage à Bouc par le bateau à vapeur :	300 F
– voyage fait à Marseille pour prendre un homme :	40 F
– pilotage sortie et d'entrée :	31 F 05
– provisions vin et eau-de-vie :	448 F
– café :	6 F 85
– comptes de l'expéditionnaire :	45 F 80
– viande pendant le séjour et pour le départ :	52 F 10
– pain :	76 F 55
– boîte de sardines :	5 F
– pommes de terre :	27 F
– pour poisson :	15 F
– bateau à la sortie :	10 F
– Total :	1 051 F 35

Dépenses à Dunkerque

– chez l'épicier :	64 F
– pour le marchand de vin :	79 F 82
– pour lest du navire :	136 F
– pour viande prise pendant le séjour :	109 F 50
– pour bois à feu :	14 F
– pour pain pendant le séjour et départ :	177 F 85
– pour charbon de terre :	2 F 50
– pour coaltar :	18 F 75
– légumes :	20 F
– poisson frais et... :	15 F
– compte courtier :	510 F 59
– sardines à l'huile :	5 F
– bateau à la sortie :	12 F
– Total :	1 165 F 01

– Règlement de compte définitif pour les années 1854 et 1855 avec Monsieur Derays, armateur à Dahouët

Frais	
1/ frais à La Rochelle :	1 546 F 98
2/ à Marseille à Marans :	469 F 90
3/ de Marseille à Alexandrie :	3 317 F 59
4/ d'Alexandrie à Marseille :	1 160 F 32
5/ de Marseille à Bouc :	1 810 F 43
6/ de Bouc à Dunkerque :	1 051 F 35
7/ de Dunkerque à Saint-Malo :	1 165 F 01
8/ avance faite à Monsieur Lesage :	300 F
– Total :	10 821 F 68
Fonds reçus :	
1/ au départ :	800 F
2/ à La Rochelle :	1 600 F
3/ à La Rochelle :	500 F
4/ à Marseille :	650 F
– Total :	3 550 F
– Différence :	7 271 F 68
Avance faite à l'équipage payé soldes et émoluments :	4 988 F 55
– Total :	12 260 F 25
Reçu à Saint-Malo à valoir :	1 500 F
– Différence :	10 760 F 20
1/ fret du navire de Marens à Marseille :	5 849 F 44
2/ fret du navire de Marseille à Alexandrie :	245 F 85
3/ fret du navire d'Alexandrie à Marseille :	9 655 F 95
4/ fret du navire de Bouc à Dunkerque :	6 505 F 62
– Total :	22 256 F 86
Fonds envoyés à l'armateur :	5 650 F
	4 400 F
– Total :	10 050 F
– Différence :	12 206 F 86

R… de compte avec l'armateur pour avances faites par le capitaine et recettes reçues par l'armateur et cas correspondant

Le capitaine doit :	12 206 F 86
L'armateur doit :	
pour… :	10 760 F 23
pour chapeau :	1 113 F 80
total :	11 873 F 03
Le capitaine doit pour solde définitive :	33 F 83

arrêté et reçu le montant des comptes portés ci-dessus
Saint-Malo, le 31 novembre 1855
Math. De Rays

– Voyage au Brésil : de janvier 1856

• Les recettes

– reçu le 7 janvier 1856 :	200 F
– signé une traite chez Monsieur Roger chez messieurs Burton et Edwards :	9(1) L 4 S 6 P
– Total :	2 480 F 60
– fret de Newport à Rio de Janeiro :	10 885 F
– fret de Rio de Janeiro à Marseille :	18 935 F 60
– Total des recettes faites dans les voyages Angleterre, Rio de Janeiro et Marseille :	32 301 F 20

• Les dépenses

– le 5 janvier payé pour Invalides :	59 F 25
– bateau à la sortie :	6 F

Dépenses pour le commerce à Newport

– pour hommes employés au délestage :	3 L 15 S
– pour achat de mannes pour délestage :	4 S 6 P
– pour dépenses à l'arrivée :	18 S
– pour droit de… :	7 L 18 S 3 P
– (support) :	2 L 2 S
– pour droit de port :	18 S 9 P
– pour droit de dock :	16 L 15 S 3 P
– pour l'arrimage du charbon :	4 L 3 S 2 P
– pilotage de… :	3 L 1 S

– pilotage de la rivière à l'entrée :	1 L 8 S 6 P
– pilotage de la rivière à la sortie :	2 L 3 S 9 P
– consul brésilien :	3 L 3 S
– bateau à vapeur à l'entrée :	1 L 17 S 6 P
– … :	6 S 6 P
– protêt :	7 S 6 P
– … :	6 P
– commission pour déboursement :	2 L 4 S 6 P
– Total :	51 L 18 S 8 P
– Total :	1 288 F 25

Dépenses pour le navire à Newport

– payé au forgeron :	1 L 2 S 10 P
– pour le chronomètre :	5 S
– pour pièce à eau :	1 L 16 S
– pour toile cirée pour la table :	3 S
– pour peinture et divers autres objets :	3 L 14 S 8 P
– pour port de lettre et affranchissement :	4 S 8 P
– Total pour le navire :	7 L 6 S 2 P
– Total pour le navire :	182 F 70
– chez le boucher :	13 L 18 S 8 P
– chez le boulanger :	5 L 8 S
– provisions à l'entrepont :	13 L 9 S
– provisions pendant le séjour :	1 L 2 S
– provisions pour le départ :	1 L 10 S
– Total dépenses pour vivres :	15 L 9 S 8 P
– Total dépenses pour vivres :	387 F

Dépenses à Cardiff

– pris… :	1 F 50
– pour bateaux à vapeur :	46 F 70
– pour divers objets :	12 F 25
– pour pilotage de sortie :	78 F 75
– Total :	139 F 20

Dépenses à Rio de Janeiro

– envoyé à Monsieur Derays :	8 620 F 70
– pour bateau à l'entrée :	20 F
– pour le grenier pour le café :	458 F 92
– pour homme de journée employé au déchargement :	100 F
– pour homme de journée :	45 F 72
– payé au chancelier :	222 F 52
– payé au courtier :	2 155 F 54
– payé à Monsieur Charles… fournisseur :	1 874 F 06
– payé au boulanger :	(2)332 F 57
– payé au boucher :	122 F 51
– payé pour… et vins :	252 F 86
– payé pour embarcation :	62 F 90
– payé pour provisions journalières :	210 F
– payé pour huit repas et couché trois fois à l'hôtel :	54 F 29
– payé pour (fret) d'embarquement du chargement :	605 F 83
– payé pour argent avancé pour le fret :	49 F 60
– payé pour… :	49 F 60
– payé pour vin pris à Malaga :	76 F
– payé pour vivres frais :	10 F
– payé pour commission de débours :	124 F
– observation du chronomètre :	20 F
– Total :	15 427 F 44

Dépenses à Marseille

– commission sur le fret :	378 F 70
– pour réparation de la cuisine :	60 F 80
– pour planche au débarquement :	10 F
– pour le déchargement et l'amarrage du navire :	451 F 50
– pour toile à voile chez Monsieur Duran :	(?)71 F 55
– pour fournitures chez Monsieur Icard :	509 F 01
– pour objet fourni et réparé chez le forgeron :	67 F 87
– pour objet fourni et réparé par le tonnelier :	119 F 50
– pour peindre l'intérieur du navire et peinture au départ :	277 F 50
– pour objet fourni et réparé chez le ferblantier :	36 F 60

– pour le chronomètre et réparation de la montre d'habitacle :	19 F
– pour avarie faite au trois-mâts… :	22 F 50
– pour… aiguille à voile et autres :	11 F
– pour chambre :	72 F
– pour 12 sacs pris pour le déchargement :	15 F 60
– pour viande pendant le séjour et au départ :	276 F 60
– pour pain, biscuits et farine pendant le séjour et au départ :	337 F 11
– pour légumes, fruits, œufs, pommes de terre pendant le séjour :	83 F 50
– pour l'hôtel :	94 F 75
– pour un (ponton) pour nettoyage du navire :	9 F
– pour apparaux et homme de journée :	25 F
– pour menuiserie et réparation des ferrures et remplacement :	421 F 65
– pour calfatage et fournitures :	145 F 70
– pour réparation du coffre à médicaments :	75 F 90
– pour médecin et médecine à l'arrivée :	17 F
– pour doublage de soute et réparation de la cuisine ayant tout fourni :	99 F 50
– donné un bon chez M. Michel payable chez M. Babaton pour provision fournies pendant le séjour et l'armement :	1 280 F 10
– donné un bon à M. (Cujot) marchand de vin pour solde de compte payable chez Monsieur Babaton pour boissons fournies pendant le séjour et… :	752 F 20
– payé à M. Cayot un acompte sur (son mémoire) :	1 000 F
– payé pour le lest du navire :	380 F
– donné un bon payable chez M. Babaton au courtier pour les frais d'entrée et de sortie :	5 ?5 F 85
– pour bateau à l'entrée au Frioul :	15 F
– pour bateau du Frioul à Marseille :	30 F
– pour bateau pendant le séjour au port :	4 F
– frais de bureau :	23 F 10
– dépense imprévue :	20 F
– Total :	6 580 F 94

Dépenses pour l'équipage débarqué

– Monsieur Hareng, second :	1 213 F
– Briens, maître et lieutenant :	279 F 99
– Jouyaux :	379 F 34
– Cateros :	394 F 34
– Lount :	334 F 34
– Quinio :	419 F 34
– Cornillet :	264 F
– Oliviero :	247 F 99
– Nabucet :	310 F 33
– Gaudinet :	216 F 99
– Cardin :	217 F 32
– Total :	4 276 F 98

Compte du capitaine jusqu'au 22 novembre 1856 plus deux mois d'avance sur le prochain voyage

– du 22 février au 22 novembre 1856 à (150) F :	1 350 F
– chapeaux sur les frets de Rio de Janeiro et Marseille :	1 491 F 03
– pour deux mois d'avances :	300 F
– Total :	3 141 F 03

Deux mois d'avances faites au nouvel équipage

– Monsieur Barbedienne second :	300 F
– Monsieur Guinard :	000 F
– Leclerc Auguste :	110 F
– Barbedienne Joseph :	100 F
– (Petiteur) Etienne :	100 F
– (Potet) Louis :	100 F
– Domingo Da Silva :	100 F
– Héron Gustave :	80 F
– Calo Joseph :	80 F
– Barbedienne Sébastien :	50 F
– Cardin :	40 F
– Total :	1 060 F

Balance

– doit Monsieur Derays au capitaine :	32 548 F 58
– doit le capitaine à Monsieur Derays :	32 301 F 20
– reste Monsieur Derays devoir au capitaine :	247 F 38

– Voyage à Montevideo à partir du 2 décembre 1856

Les recettes

– pour rapatriement d'un lieutenant du commerce :	212 F
– pour vente de nattes pour le grenier :	50 F
– Total :	262 F
– fret d'aller le 20 août :	11 441 F 80
– pour un abordage du canot qui a été payé de moitié :	284 F
– pris en avance sur le fret le 7 août :	1 700 F
– Total :	13 365 F 80
– Total des recettes :	13 627 F 80

Les dépenses

– bateau à vapeur à la sortie (le 27 septembre) :	55 F
– pour cuisine :	0 F 60
– pour pain :	116 F 89
– pour viande :	35 F
– pour légumes frais pendant le séjour :	18 F 50
– pour une paire… :	1 F 50
– pour un marteau et réparation d'un autre :	3 F 50
– pour courtage entrée et sortie plus un chaland pour délestage :	70 F 30
– voyage à Toulon pour les expéditions :	28 F
– payé au consul portugais le (22 décembre) :	82 F 50
– Total :	512 F 19
– payé pour un bateau le 24 mars : 2 PF :	11 F 20
– pour vivres envoyés à bord en rade : 5 P 720 :	23 F 12
– pour… d'ouverture du (panneau) et mise en charge : 8 PF :	89 F 60
– pour la chaloupe à la côte pour la… 4 PF :	22 F 40
– pour réparation du canot à un ouvrier 6 PF :	33 F 60
– pour consultation et honoraires à Monsieur ? 21 PF :	117 F 60
– un demi tonneau de charbon le 15 juillet 10 P :	44 F 80

– au pharmacien Le Saout 5 PF:	28 F
– une (note) à (brothier) fournisseur… 62 P 320:	279 F 55
– à la… le 8 août pour fournitures 601 P 490:	2695 F 12
– au forgeron pour réparation écoute de dehors 1 P 160:	5 F 60
– pour dix pipes d'eau le 7 août 17 P 76 F 16	
– pour quatre-vingt-deux cuirs de tapisserie le 7 juillet 217 P 78:	972 F 16
– commission sur le fret d'entrée 49 P 04:	219 F 75
– pour… barriques de vin 168 P:	752 F 64
– pour divers frets suivant note 398 P 32:	1784 F 24
– commission du courtier pour la sortie 100 P:	448 F
– Total:	7603 F 54
– traite envoyée à M. Derays en date du (5 mai):	3000 F
– cinq pour cent pour intérêts et assurances de 1700 F:	85 F
– pour chambre et pension depuis le 20 mars au? 140 P:	625 F 20
– un mètre pour le charpentier 0 P 640:	3 F 60
– avance à l'équipage depuis le dernier règlement:	229 F 15
– un carreau à la dunette 0 P 680:	4 F 80
– vivres à l'arrivée le (7 novembre):	7 F 50
– quatre journées le (5 novembre):	48 F
– Total:	4028 F 25
Total dépenses:	12147 F 98
Balance	
– le capitaine doit:	13625 F 80
– pour deux (peaux en moins):	25 F 80
– Total	13659 F 60
– Monsieur Derays doit:	12143 F 98
Pour commission sur le fret brut:	1477 F 05
Pour conduite:	88 F 20
Pour chambre pension 16 jours:	48 F
– Total	13757 F 23

Balance

– Monsieur Derays doit au capitaine :	13757 F 23
– Le capitaine doit à Monsieur Derays :	13653 F 98
– différence :	103 F 25

Payé ce jour, 14 décembre 1857, la somme de cent trois francs vingt-cinq centimes pour solde de tout compte porté ci-dessus Matthieu de Rays

- Compte du navire *Auguste et Marie* pour le voyage d'Ars en Ré à Paimpol

Dépenses

– pour voiture : de Saint-Brieuc à Rennes :	17 F 60
de Rennes à Nantes :	20 F 10
de Nantes à La Rochelle :	27 F 30
de La Rochelle à Ars :	2 F 25
– pour nourriture : café à Rennes :	0 F 50
en route :	(3) F
dîner à Nantes :	(3) F
déjeuner à La Rochelle :	2 F 25
café à Saint-Martin :	0 F 50
– quatre journées d'homme à 2 F :	8 F
– un épissoir :	2 F
– voiture pour aller armer le navire à Saint-Martin :	1 F 20
– dîner à Saint-Martin :	3 F
– feuille de route pour armement :	3 F 20
– acte de visite :	12 F 60
– frais divers :	15 F
– payé à Besnard aubergiste :	55 F 95
– petit Bertin maître d'hôtel :	62 F 50
– au boucher :	28 F 25
– au forgeron :	4 F 85
– épicerie :	23 F 40
– au capitaine du port pour carène :	5 F
– (amis) Bertin :	7 F
– au pilote :	7 F

– journal de bord :	3 F 25
– Total :	319 F 95

Reconnu exact et réglé le 2 avril 1862
Paimpol, le 2 avril 1862
Signé : Aubert-Lefeuvre

LOCALISATION DES LIEUX DE TERRE-NEUVE CITÉS PAR LE CAPITAINE CONAN

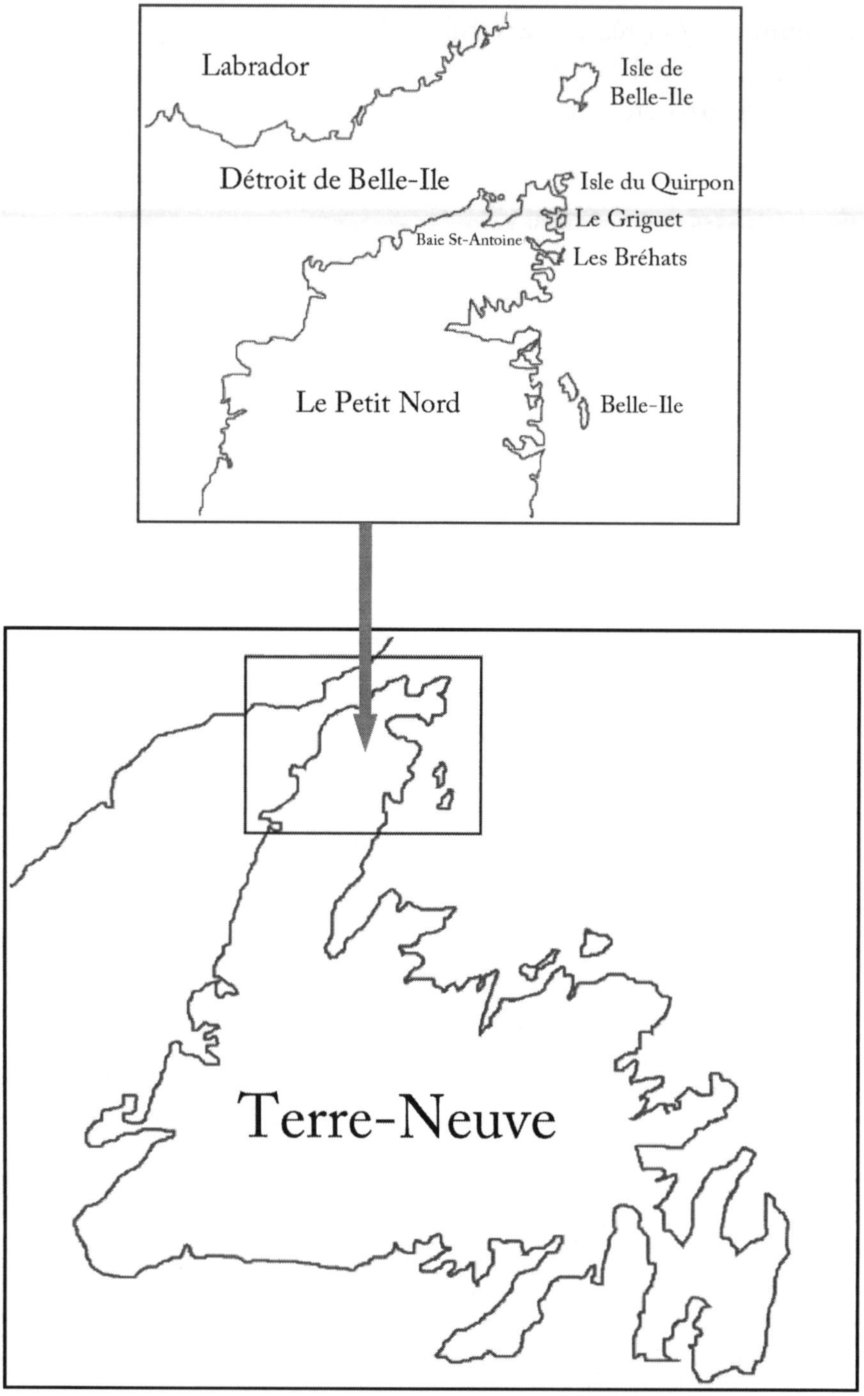

Campagnes commerciales provoquées par la guerre de Crimée 1855-1857

——▶ Première campagne. Départ de St-Malo en janvier 1856 – Retour à Marseille en octobre 1856

- - - - ▶ Deuxième campagne. Départ de Marseille en novembre 1856 – Retour au Havre en novembre 1857

Termes et expressions explicités en notes

Bibliographie sommaire

CHAPPÉ François, *L'épopée islandaise 1888-1914,* Éd. L'Albaron, Thonon-les-bains, 1990.

GROSSETÊTE Abbé, *La grande pêche de Terre-Neuve et d'Islande,* Éd. Ancre de Marine, 1988.

HENWOOD P., *La Bretagne maritime aux XVIIIe et XIXe siècles, MSHAB,* 1987.

JOSSE Loïc, *Terre-neuvas : à l'époque des derniers voiliers de grande pêche de Saint-Malo-Cancale,* Glénat, Grenoble, 2010.

KERVÉLÉO Jean, *Paimpol au temps d'Islande,* Éd. Le chasse-marée, Douarnenez, 1998.

LACROIX Louis, *Les derniers voiliers morutiers terre-neuvas, islandais et groenlandais,* Éd. Maritime et d'outre mer, Luçon, 1949.

LE BOUËDEC Gérard, *Bretons sur les mers,* Éd. Ouest-France, Rennes, 1999.

LEFORT Alain et LEMESLE Loïc, *La Royale et les terre-neuvas,* Éd. Ancre de Marine, 1994.

LENHOFF Jean-Louis, *Les hommes en mer,* Éd. Armand Colin, Paris, 2005.

LOTURE Robert de, *Histoire de la grande pêche à Terre-Neuve,* Éd. Gallimard, Paris, 1949.

MORANDIÈRE Charles de la, *Histoire de la pêche française dans l'Amérique septentrionale, 3 vol.* Éd. Maisonneuve et Larose, Paris, 1962-1967.

PÉTRÉ-GRENOUILLEAU Ollivier, *Les négoces maritimes français,* Éd. Belin, 1997.

QUÉRÉ Christian, *La grande aventure des terre-neuvas de la Baie de Saint-Brieuc,* Éd. du Dahin, 1998.

Table des matières